U0128648

中国海洋濒危物种

鲸豚类 海龟类

救护技术指南

曾千慧 袁 军 孙玉露 王一博 张梦然 编著
梁伯乔 施倩倩 绘图

中国林業出版社
CFPH China Forestry Publishing House

前言

编制本指南的目的是给我国海洋濒危动物（鲸豚类、海龟类）的救护工作提供引导与参考，本指南的指导对象包括参与海洋濒危动物救护工作的责任部门和执行部门、公益社会团体和志愿者等，内容主要为待救护动物的现场及转运救护操作。

本指南的内容涉及两大部分：鲸豚类动物和海龟类动物的初步救护。由于这两类动物分属于脊椎动物中的哺乳纲和爬行纲，二者在身体结构、生活习性、伤病案例和救护重点上均存在差异，因此，本指南将鲸豚类动物与海龟类动物的救护分成两部分描述，但每部分内容基本按照以下大纲撰写：动物介绍、动物在我国的分布情况、动物受胁原因、救护流程框架、救护准备工作、救护原则、动物状态评估、具体救护操作、特殊或典型案例及应对情况等。本指南主要针对动物的现场及转运救护操作提出指导，至于动物的进一步救护工作，例如动物被转运至人工圈养环境之后，以及动物在圈养环境中状态恢复正常而被纳入野化放归计划之后的工作，应当由更专业的机构来执行。

本书的出版得到了国家林业和草原局林草调查规划院负责实施的 UNDP-GEF“加强中国东南沿海海洋保护地管理，保护具有全球重要意义的沿海生物多样性”项目的支持。本指南的救护指导部分有幸得到两位科学顾问的审校与指正，救护案例部分得到当事方对救护细节的补充。此外，全书得到了多方供图支持。案例和照片丰富了本指南的内容，增强了本指南的指导效果，在此表示由衷的感谢。最后，还要感谢兔子和大 Q 绘制的精美插图。

作者

目录

第1部分 鲸豚类救护技术指南

第 2 部分 海龟类救护技术指南

附　录

第 1 部分

鲸豚类

救护技术指南

概　述
鲸与海豚

1. 鲸类动物的基本特征

鲸与海豚当前在动物分类学上隶属于脊索动物门哺乳纲鲸目（也有将其归为鲸偶蹄目鲸下目），是水生哺乳动物，**故鲸与海豚可并称为“鲸类动物”**。

鲸类动物属于哺乳动物，因此其具备与其他哺乳动物相同的特征、结构和习性：温血、用肺呼吸、胎生、用乳汁哺育后代。鲸类动物的呼吸孔（即鼻孔）位于其头顶。

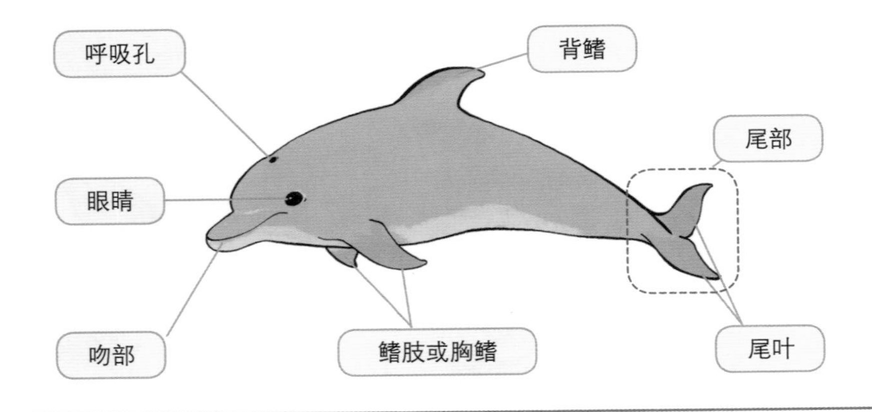

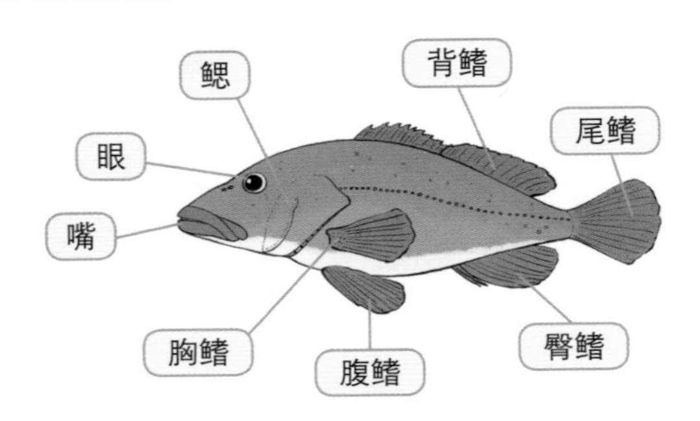

鲸类和鱼类外形基本结构对比

不同物种的鲸类动物体形差异很大，世界上最大的鲸类（蓝鲸），其最大体长可达 33 米，而世界上最小的鲸类（小头鼠海豚），体长则不到 1 米。人们习惯将体长 4 米以上的鲸类动物称为“鲸”，而将体长 4 米以下的鲸类动物称为“豚”。

不同物种的鲸类动物寿命差别也很大，有的寿命仅 20 年左右（如小头鼠海豚），有的寿命可超过 200 年（如弓头鲸）。鲸类动物的怀孕周期通常为 10~18 个月，哺乳期通常为 2~4 年，母体在育幼上的投入努力量高，母子关系紧密。

2. 鲸类动物的分类

鲸类动物可以分为两个大类：**须鲸和齿鲸**。

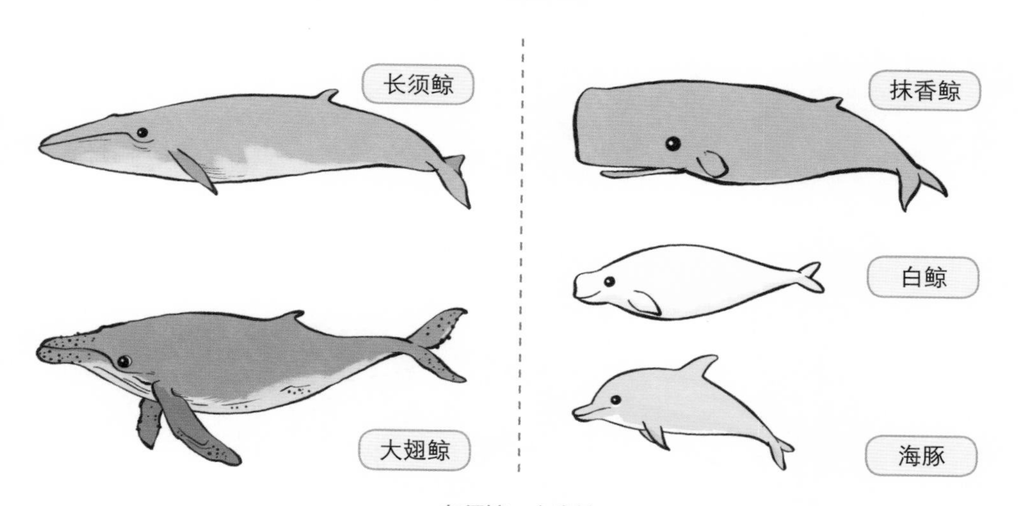

左须鲸，右齿鲸

须鲸类动物口中没有牙齿，但是在它们的上颌两侧各有一列鲸须板，每片鲸须板上都有由角蛋白（与人类的指甲、头发成分相同）组成的鲸须。须鲸，例如蓝鲸、长须鲸、大村鲸、灰鲸、大翅鲸等，就是通过鲸须来过滤海水中的小虾、小鱼等并吞食。

齿鲸类动物口中没有鲸须，大多保留有牙齿，但牙齿不起咀嚼作用。世界上最大的齿鲸是抹香鲸，此外，所有的海豚和鼠海豚，都是齿鲸。

须鲸和齿鲸口腔结构区别

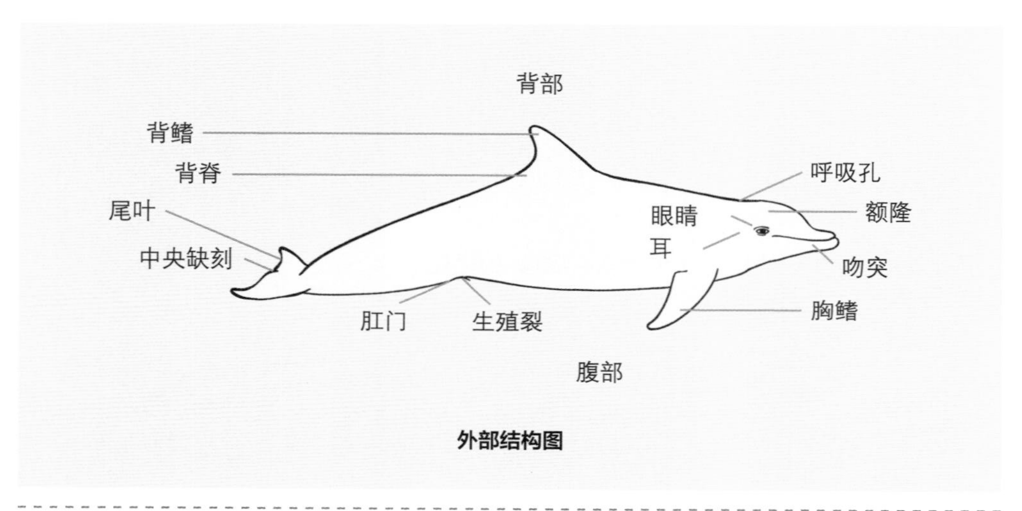

外部结构图

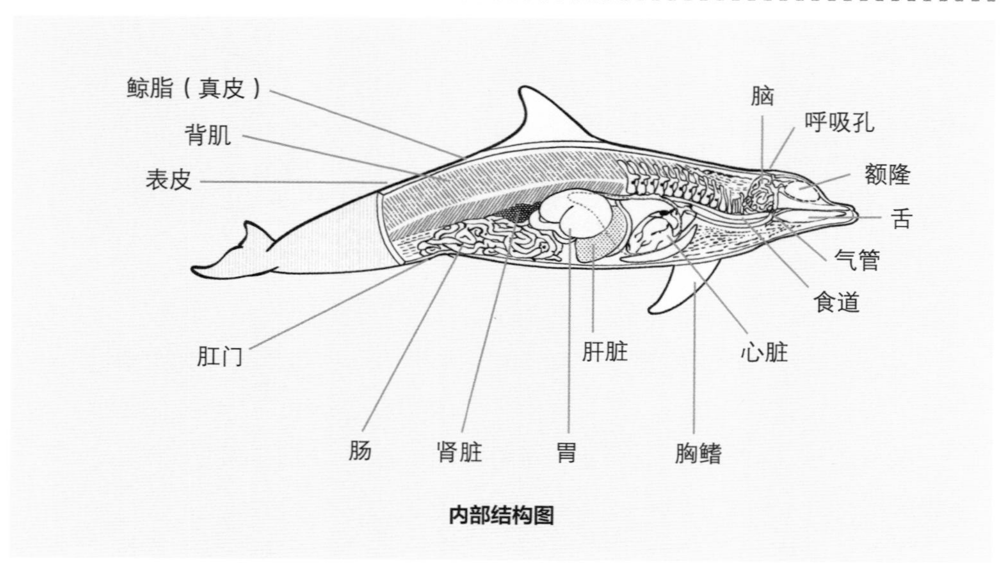

内部结构图

鲸类基本结构图（以齿鲸为例）

齿鲸类动物可以通过回声定位进行导航或觅食，尚未有证据证明须鲸类动物具备该功能。

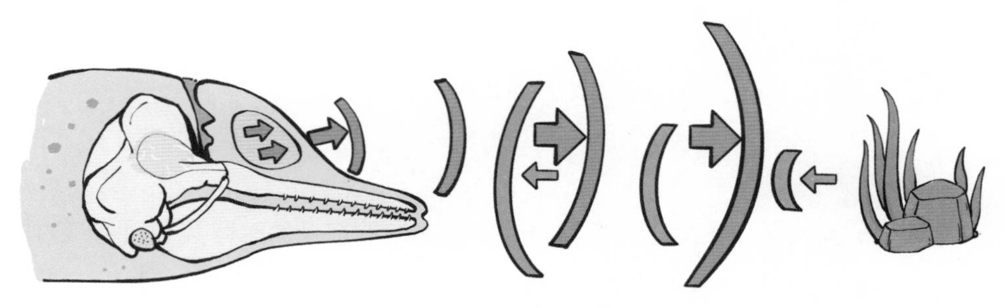

齿鲸的回声定位工作机理示意图

3. 鲸类动物的分布特征

鲸类动物在世界范围内都有分布，有些鲸类动物是广布种，例如蓝鲸、大翅鲸、抹香鲸等；也有些鲸类动物只生活在特定区域，例如一角鲸只生活在北极，小头鼠海豚只分布在南美洲加利福尼亚湾北部。

虽然从分类学上讲，海豚也属于鲸类动物，但日常生活中我们仍习惯将鲸豚分开称呼。本书以下部分也将“鲸类动物”称为“鲸豚”。

第 1 章 我国海域的鲸豚

根据王丕烈的《中国鲸类》一书，我国海域有记录的鲸豚共 36 种，包括须鲸 10 种（现已将布氏鲸和鳀鲸合并为一个物种），齿鲸 26 种。其中，须鲸类、抹香鲸和中华白海豚属于国家一级重点保护野生动物。

我国海域鲸豚物种表*

所属类别	中文名	学名	保护级别
须鲸	小须鲸	*Balaenoptera acutorostrata*	一级
	塞鲸	*Balaenoptera borealis*	一级
	布氏鲸	*Balaenoptera edeni*	一级
	大村鲸	*Balaenoptera omurai*	一级
	长须鲸	*Balaenoptera physalus*	一级
	蓝鲸	*Balaenoptera musculus*	一级
	灰鲸	*Eschrichtius robustus*	一级
	北太平洋露脊鲸	*Eubalaena japonica*	一级
	大翅鲸（座头鲸）	*Megaptera novaeangliae*	一级
齿鲸	抹香鲸	*Physeter macrocephalus*	一级
	小抹香鲸	*Kogia breviceps*	二级
	侏抹香鲸	*Kogia sima*	二级
	贝氏喙鲸	*Berardius bairdii*	二级
	朗氏喙鲸（印太喙鲸）	*Indopacetus pacificus*	二级

*本表仅列举分布于我国海域的鲸豚物种，淡水豚类和长江江豚不在其内。

（续表）

所属类别	中文名	学名	保护级别
齿鲸	银杏齿中喙鲸	*Mesoplodon ginkgodens*	二级
	柏氏中喙鲸（瘤齿喙鲸）	*Mesoplodon densirostris*	二级
	鹅喙鲸（柯氏喙鲸）	*Ziphius cavirostris*	二级
	短肢领航鲸	*Globicephala macrorhynchus*	二级
	虎鲸	*Orcinus orca*	二级
	伪虎鲸	*Pseudorca crassidens*	二级
	小虎鲸	*Feresa attenuata*	二级
	瓜头鲸	*Peponocephala electra*	二级
	里氏海豚（瑞氏海豚、灰海豚）	*Grampus griseus*	二级
	中华白海豚	*Sousa chinensis*	一级
	真海豚	*Delphinus delphis*	二级
	瓶鼻海豚	*Tursiops truncatus*	二级
	印太瓶鼻海豚	*Tursiops aduncus*	二级
	热带点斑原海豚	*Stenella attenuata*	二级
	条纹原海豚	*Stenella coeruleoalba*	二级
	飞旋原海豚	*Stenella longirostris*	二级
	太平洋斑纹海豚	*Lagenorhynchus obliquidens*	二级
	弗氏海豚	*Lagenodelphis hosei*	二级
	糙齿海豚	*Steno bredanensis*	二级
	印太江豚	*Neophocaena phocaenoides*	二级
	东亚江豚	*Neophocaena sunameri*	二级

注：本节鲸豚物种的分类方法与学名参照《国家重点保护野生动物名录》，其部分内容与国际海洋哺乳动物学会（SMM）的海洋哺乳动物物种名录有出入，故仅供读者参考。

（）内为其他常用名。

（非等比例绘制）

小须鲸　*Balaenoptera acutorostrata*

塞鲸　*Balaenoptera borealis*

布氏鲸　*Balaenoptera edeni*

大村鲸 *Balaenoptera omurai*

长须鲸 *Balaenoptera physalus*

蓝鲸 *Balaenoptera musculus*

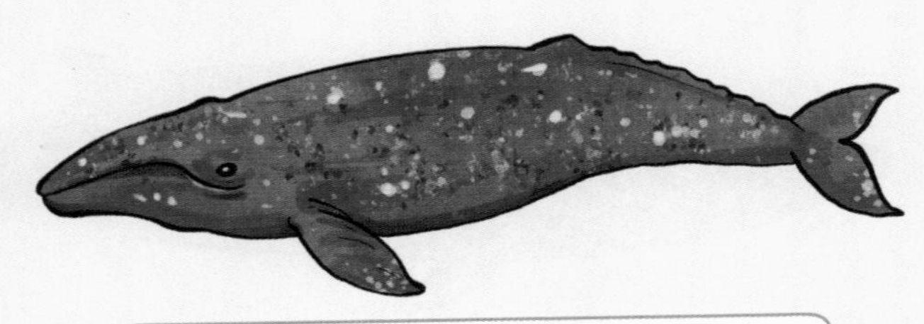

灰鲸　*Eschrichtius robustus*

北太平洋露脊鲸　*Eubalaena japonica*

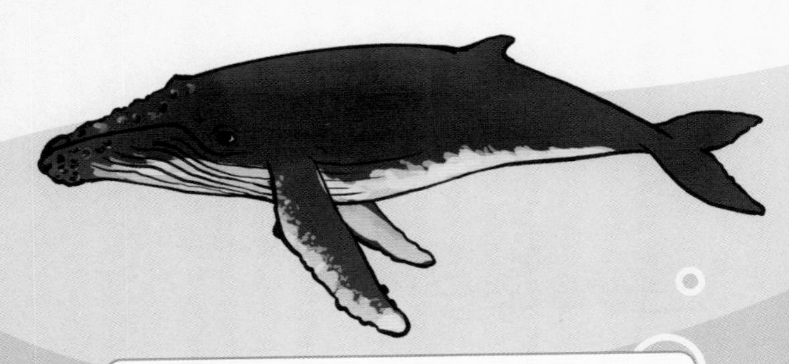

大翅鲸（座头鲸）*Megaptera novaeangliae*

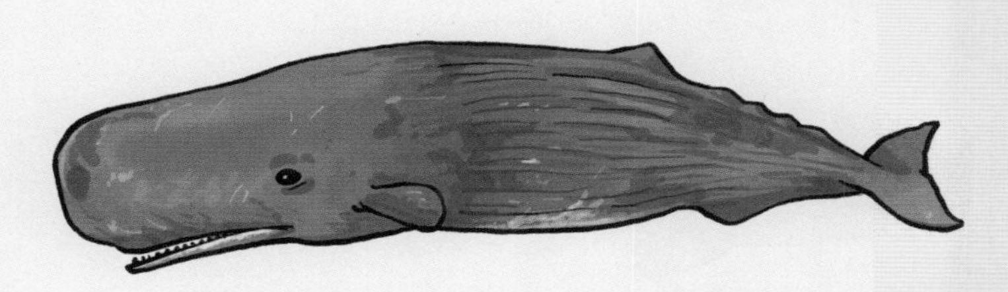

抹香鲸 *Physeter macrocephalus*

小抹香鲸 *Kogia breviceps*

侏抹香鲸 *Kogia sima*

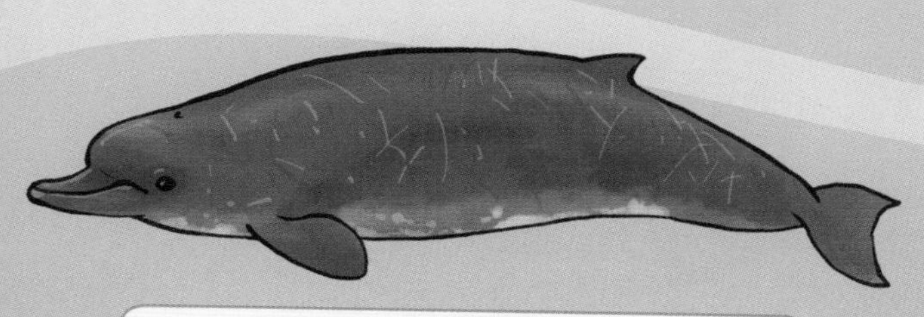

贝氏喙鲸 *Berardius bairdii*

朗氏喙鲸（印太喙鲸） *Indopacetus pacificus*

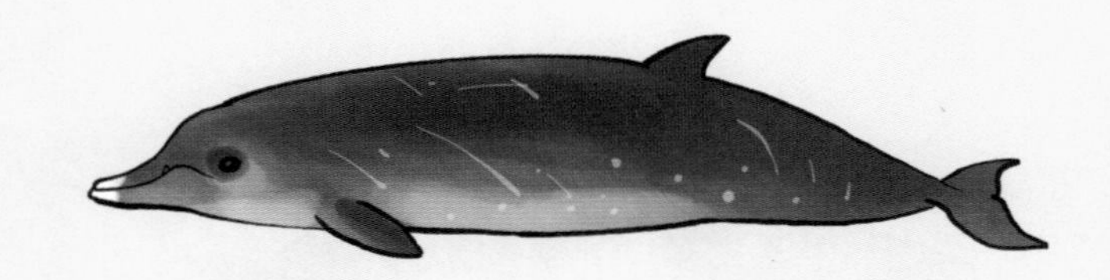

银杏齿中喙鲸 *Mesoplodon ginkgodens*

柏氏中喙鲸（瘤齿喙鲸） *Mesoplodon densirostris*

鹅喙鲸（柯氏喙鲸） *Ziphius cavirostris*

短肢领航鲸 *Globicephala macrorhynchus*

虎鲸 *Orcinus orca*

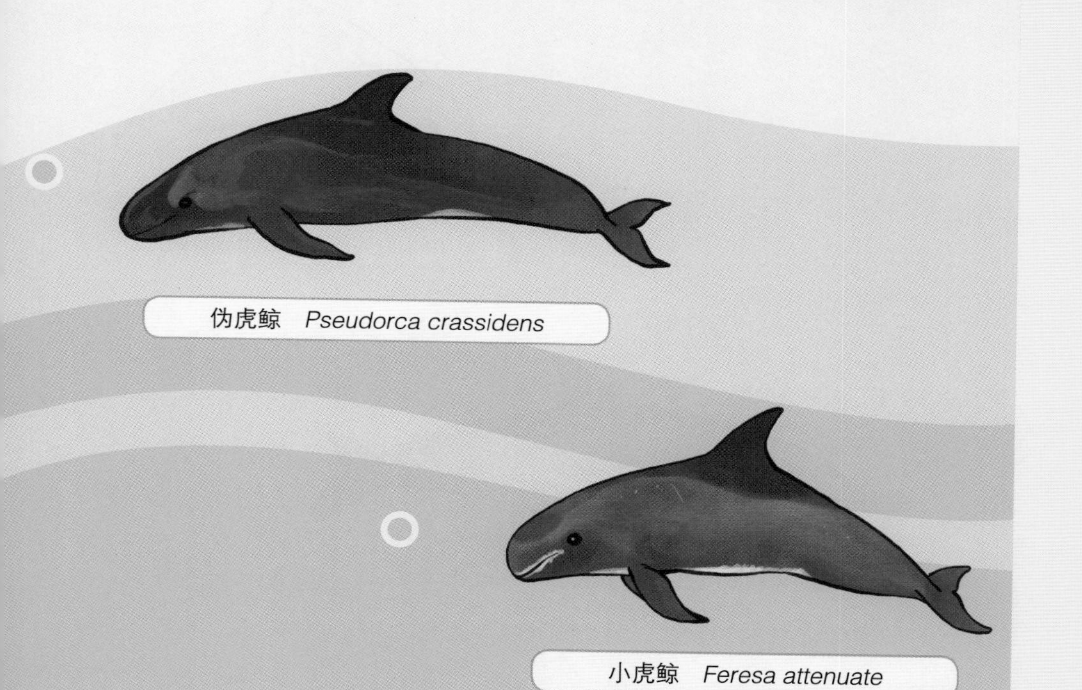

伪虎鲸 *Pseudorca crassidens*

小虎鲸 *Feresa attenuate*

瓜头鲸 *Peponocephala electra*

里氏海豚（瑞氏海豚、灰海豚） *Grampus griseus*

中华白海豚 *Sousa chinensis*

真海豚 *Delphinus delphis*

瓶鼻海豚　*Tursiops truncates*

印太瓶鼻海豚　*Tursiops aduncus*

热带点斑原海豚　*Stenella attenuate*

条纹原海豚　*Stenella coeruleoalba*

飞旋原海豚　*Stenella longirostris*

太平洋斑纹海豚　*Lagenorhynchus obliquidens*

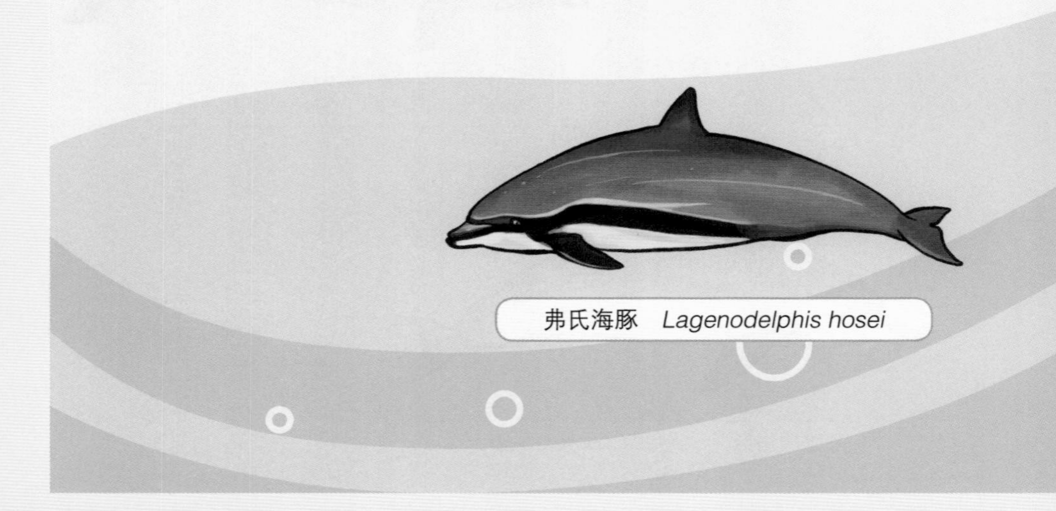

弗氏海豚　*Lagenodelphis hosei*

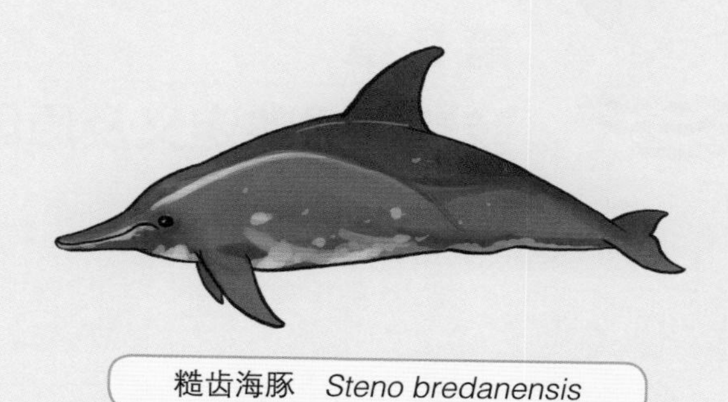

糙齿海豚 *Steno bredanensis*

印太江豚 *Neophocaena phocaenoides*

东亚江豚 *Neophocaena sunameri*

第 2 章

鲸豚搁浅的定义及原因

2.1 鲸豚搁浅的定义

鲸豚搁浅指的是单独或成群的鲸豚游至浅水处不能自主回到水中的现象。全世界每年都有许多鲸豚搁浅事件发生，这些搁浅鲸豚，有的被发现时已经死亡，有的还活着。

死亡的灰鲸

搁浅的瓜头鲸

2.2 鲸豚搁浅的原因

鲸豚搁浅的原因可分为两种，即**外因**和**内因**。

外因指的是因外界环境变化导致动物不适应或身体受到损害而丧失活动能力造成的搁浅；内因指的是因动物自身体弱多病等情况丧失活动能力而搁浅。常见的外因有自然灾害（例如台风、地震）以及人类活动的影响等；内因则有动物生病、年老体衰等。

目前主要存在的情况

2.2.1 受到外界的直接伤害

有些鲸豚在海中经历了船只冲撞或渔网劫难后，虽侥幸逃脱，但是由于惊慌或身体受伤，无法正常活动而搁浅。也有些鲸豚受到捕食者（例如鲨鱼）袭击，或是同类攻击之后，由于惊慌或身体受伤而搁浅。甚至有些鲸豚因误食塑料垃圾等难降解物质后无法消化，体力不支而搁浅。

2.2.2 疾病缠身或衰老

搁浅的鲸豚常伴有寄生虫或某些疾病征兆，严重者可能因身体不适或听觉受损而搁浅。很多正常的鲸豚身上亦发现有寄生虫，其负荷量与致病机制尚待研究。除此之外，衰老的动物个体也会因身体状况不佳、丧失行动能力而搁浅。

2.2.3 污染中毒

工农业产生并排放的污染物和毒素，经食物链进入鲸豚体内，在鲸豚体内累积而导致鲸豚体力不支或死亡搁浅。海中的有害藻华爆发时，鲸豚也可能因体内累积毒素，中毒导致体力不支或死亡搁浅。

2.2.4 回声定位失常

回声定位失常多为外因或内因甚至多方面原因共同作用的结果。齿鲸类动物借助回声定位系统在水中探测方向和寻找食物，当回声定位系统出了差错，譬如因疾病、衰老、地震或是受人类进行震波勘测或军事演习产生的人工声呐干扰等，会导致它们无法辨识方向，从而搁浅。

2.2.5 恶劣天气影响

海啸、地震、台风及寒流等恶劣的天气可能使某些鲸豚个体不堪受扰而搁浅。

2.2.6 地磁作用

有学者认为鲸豚洄游时沿着地球磁场地形而移动，当地球磁场发生变化或者遭到干扰时，鲸豚会迷失方向而发生搁浅。

2.2.7 摄食失误

有些鲸豚为了捕食洄游性的鱼群等猎物，追逐其至浅滩或岸边，因恋食忘返，退潮后搁浅。此种情况下通常搁浅的动物自身状态良好，容易恢复，尤其是小型鲸豚，待潮水上涨后即可被送回大海。

2.2.8 社群纽带

大部分鲸豚是群居动物，有些鲸群中有扮演向导的角色，一旦该向导行为异常而上岸搁浅，其他成员也会紧随其后，发生**群体搁浅**。这种情况经常发生在瓜头鲸、领航鲸等群居动物身上。

第 3 章 救护流程框架

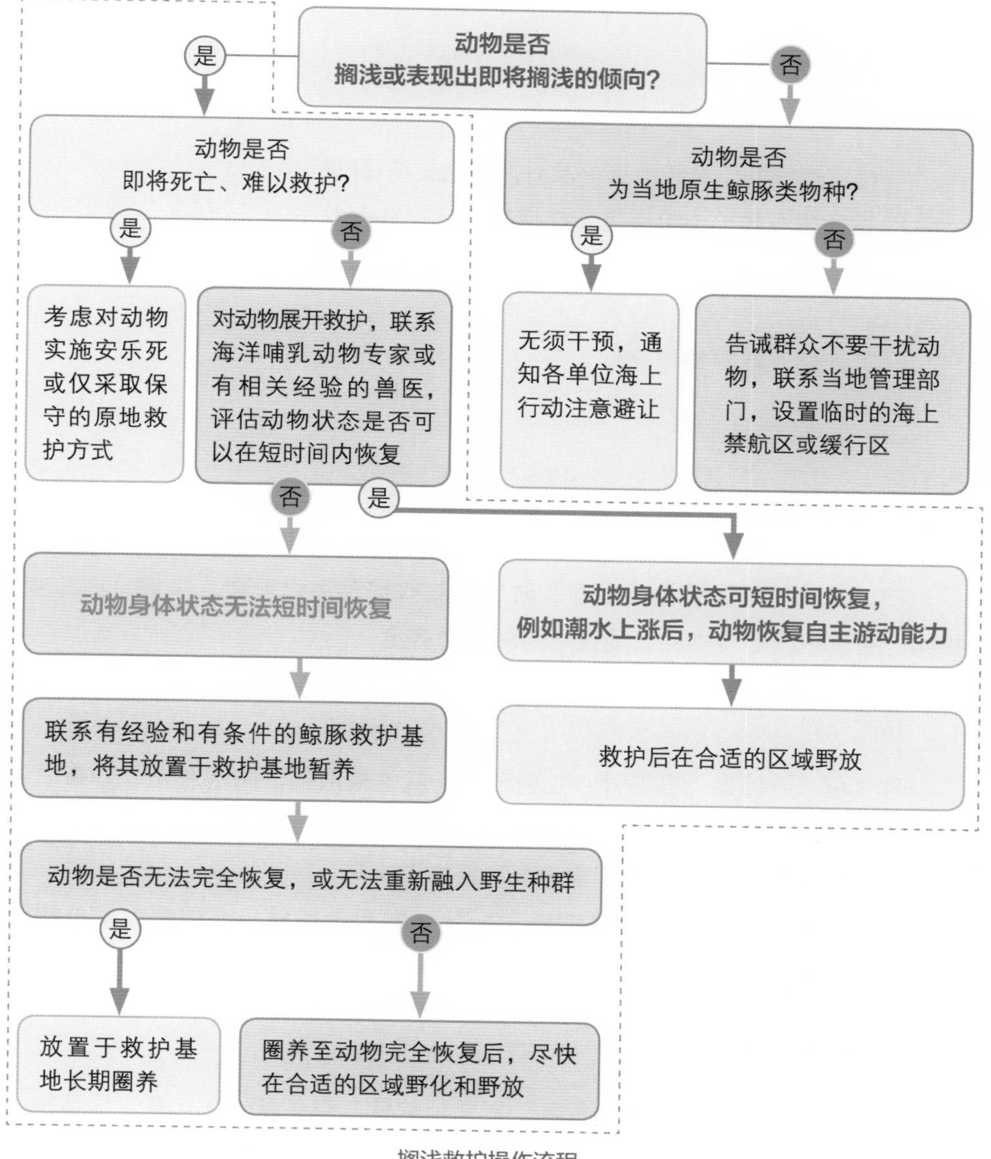

搁浅救护操作流程

第 4 章 搁浅救护准备

4.1 工作准备

① 核实搁浅的信息和地点，及时报告**相关责任部门**；

② 集合搁浅救护小组成员，根据搁浅情况准备救护所需物品；

③ 迅速到达指定现场，在搁浅鲸豚周围设置警戒线，防止无关人员进入现场；

④ 进入搁浅救护操作流程。

4.2 物品准备

救护搁浅的鲸豚动物，迅速及时地实施救护及治疗处理是关键。因此救护部门的救护设备与物品必须**在平时就准备齐全**。

救护器材

急救箱、听诊器、肛温计、注射器、一次性输液器、防水胶带、纱布块、医用手套、止血带、酒精棉、铁锹、遮阳伞、水桶、喷水器、毛巾、秒表（用于记录心跳）、相机、GPS 定位仪、采样工具等。

若需要搬运动物，则要准备特质担架、专用运输箱、海绵垫、发电机、抽水马达、扳手、老虎钳等。

基本救护药品

凡士林、白醋、高锰酸钾溶液、氧化锌软膏、维生素 AD 软膏、葡萄糖、生理盐水、羊毛脂、肾上腺素、抗生素类药品，等等。

第 5 章
搁浅鲸豚救护原则

5.1 对救护人员的保护

鲸豚动物的咬伤和鳍肢甩打可能致残、致死，救护时首先要保证救护人员自身安全。可使用适当的个人防护设备。

5.2 对被救护动物的保护

“三要”原则

① 要扶正： 要扶正鲸豚的身体，令其背部朝上、腹部朝下，保障呼吸孔畅通，令鲸豚身体与海岸线垂直（避免滚动），海水高度不要超过眼睛，并在鳍肢下方挖洞来放好鲸豚的鳍肢；

② 要保湿： 要令鲸豚的皮肤保湿，必须不停地往其体表浇淋清洁的海水，并且用湿毛巾覆盖鲸豚全身，浇水时注意避开呼吸孔；

③ 要记录呼吸与心跳： 手掌朝上，沿着左侧鳍肢下方向内伸，轻压即可感受心跳。测量时以每分钟的心跳次数计算。测量呼吸请注意呼吸孔的开合，从气孔闭合后开始计时 5 分钟，计算其呼吸次数。建议每 30 分钟测量一次呼吸与心跳。

“四不要”原则

① **不要**让鲸豚受到风吹日晒；
② **不要**靠近鲸豚的头部或尾部，避免被动物打伤；
③ **不要**翻滚鲸豚，拉扯其鳍肢、尾叶或头部；
④ **不要**喧哗，尽量保持现场安静。

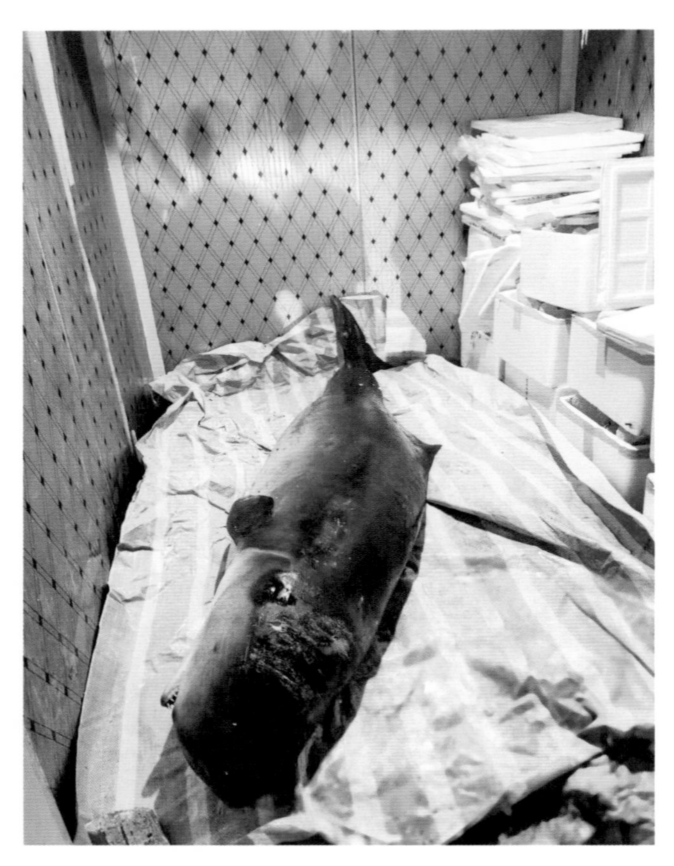

正在等待临时转运的小抹香鲸

第 6 章 搁浅鲸豚状态评估

6.1 初步检查内容

救护人员赶到现场后，应在保证自身安全的前提下迅速评估动物的状况，对动物皮肤是否湿润、体温是否正常、呼吸是否急促、能否自如活动等情况，都必须及时检查并详细记录。如果动物呼吸孔里有沙子等异物进入必须立即清除。

具体评估方法："四观察"步骤

① **观察行为：** 四肢是否有活动，对刺激是否有反应；

② **观察呼吸：** 呼吸孔是否张开，是否呼气和吸气（大型鲸豚动物呼吸频率较慢，每次呼吸可长达数分钟到数十分钟）；

③ **观察心跳：** 用听诊器检查是否有心跳，或者用手摸两鳍肢之间的胸部；

④ **观察眼睛：** 轻触眼中央或侧角，观察眨眼动作，反应很慢表示鲸豚正趋向死亡，没有眨眼动作表示可能已休克或死亡。

6.2 详细检查内容

① **异常行为检查：** 抽搐、颤抖、倾斜等；

② **身体状况检查：** 由背鳍下方两侧肌肉饱满度辨别是否健康；

③ **外伤检查：** 是否存在咬伤、缠绕伤、机械性损伤等；

④ **皮肤受损程度检查：** 受长时间风吹日晒，皮肤会皱、脱皮、龟裂、起

泡等，用凡士林涂抹，加盖湿布；

⑤ **身体反射检查：** 下颌、舌头、呼吸孔、肌肉、鳍肢、尾鳍、眼睑等部位反射状况；

⑥ **出血情况检查：** 呼吸孔、口、肛门、生殖裂有无出血现象；

⑦ **呼吸频率测定：** 呼吸频率若不正常，则可能表示动物身体受损，身体状况不好，或者由于来到新环境承受压力导致精神紧张；

⑧ **心跳：** 把听诊器放到鲸豚鳍肢之间的胸部靠左侧，可以听到心跳，小型鲸豚动物的心跳相对容易听取。若心跳紊乱，需做进一步检查。

⑨ **肛温测量：** 把肛温计插入鲸豚肛门 20 厘米处，若采取降温措施后，动物体温下降至适宜温度，则表示动物恢复情况良好。

第 7 章
搁浅鲸豚救护操作

7.1 初步护理与治疗

7.1.1 浅表层伤口处理

用无菌生理盐水温和冲洗伤口表面，以清除沙子等杂质。视情况用氧化锌软膏涂抹伤口，或用氧化锌软膏与维生素 AD 软膏 1：1 混合涂抹伤口；也可以用湿布浸泡水后铺在体表，并不时向湿布浇淋经稀释的高锰酸钾溶液（体积比通常为 1：5000）。

7.1.2 较深层伤口处理

用 50 毫升白醋加入 1 升生理盐水冲洗伤口后，视需要涂抹抗生素软膏（如氨苄青霉素、四环素或喹诺酮类抗生素）进行抗感染治疗。

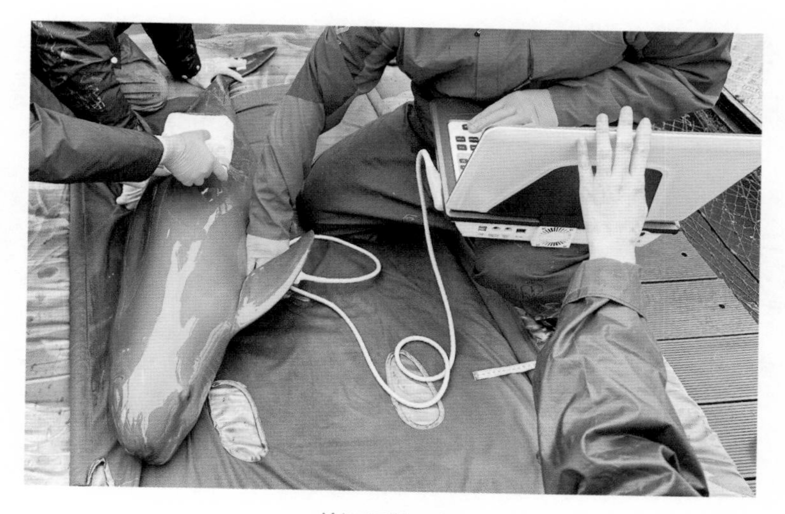

给江豚做 B 超

7.1.3 止血

可以像对待其他动物一样，直接加压止血。使用止血带时要小心，如果加压时间过长，可能会造成严重的永久性组织损伤。严重的、无法控制的出血需要通过手术干预，应该由有鲸豚动物救护经验的兽医执行。

7.2 搬运鲸豚

运输可能会给鲸豚带来压力，应尽量缩短运输距离。瘦弱的动物肌肉张力较差，需小心处理，避免造成骨折和内伤。人工搬运时尽量触碰动物身体未受伤处。

7.2.1 担架搬运

搬运非大型鲸豚必须使用专用的、有软垫的担架，搬运方法如下图所示。

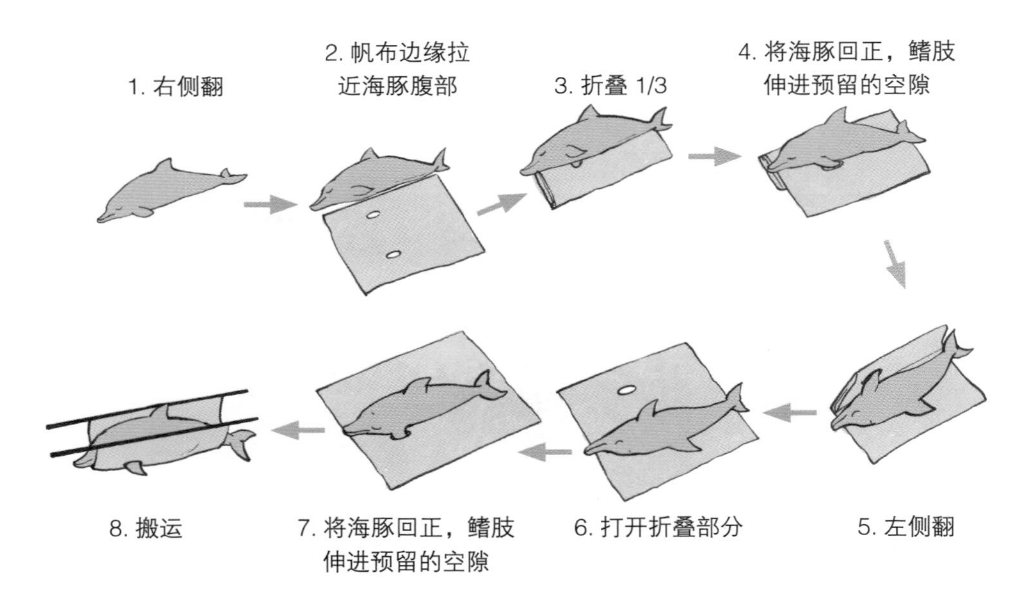

将鲸豚放在担架上的详细步骤

7.2.2 选用容器

若要使用车辆等交通工具转运，还要选择大小合适的水箱，将动物连同担架放置在其中，置于车内。水箱的大小和箱中水的浮力对于瘦弱动物的保护尤其重要。

7.2.3 体温调节

转运过程中仍需要在动物背上放一条湿毛巾来辅助降温，**但不要覆盖呼吸孔。**

7.3 进一步处理的方式选择

根据鲸豚健康状况检查结果，结合当地实际情况做出评估，直接送回大海、安乐死或是移送救护机构做进一步治疗。

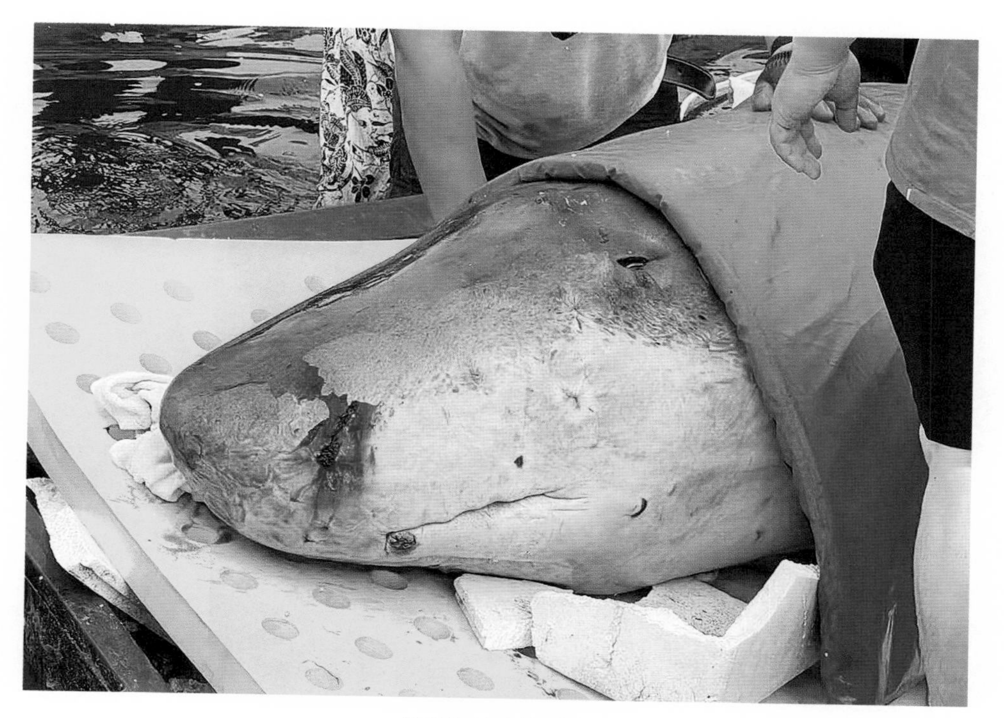

被救护的小抹香鲸

7.3.1 送回大海

严格来说，将搁浅动物送回大海必须满足以下条件：

- 搁浅动物不是幼体、身体状况良好且没有外伤；
- 动物可以自行在水中保持平衡；
- 海面状况平静；
- 有足够器材搬动。

注意事项

- 选择在高潮时送入海中，且海中无障碍；
- 需仔细为搁浅动物的身体各部分拍照，并尽量录下救护全过程；
- 需记录如体长、性别等资料；
- 如条件允许，可在动物体表安装追踪器，并采集皮肤组织；
- 如为母子鲸豚则先放母体再放幼体；
- 释放的区域应当尽量避开行船密集的航道。

通常体形庞大的鲸基本无法救治，也难以送回大海，但仍要根据实际情

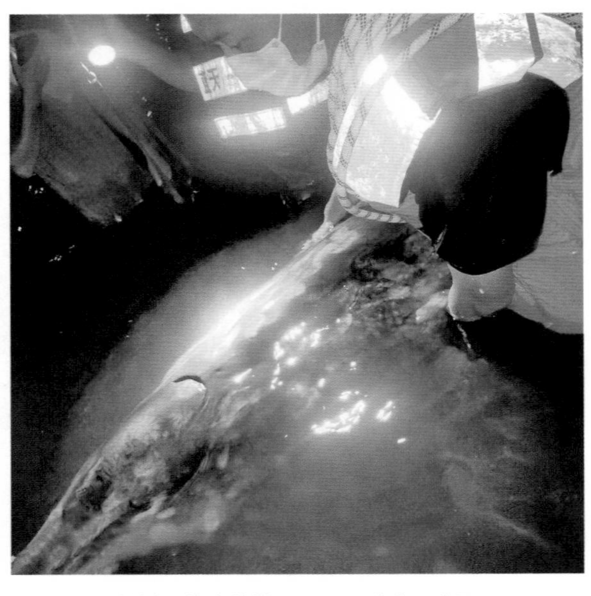

将鲸豚的身体扶正，呼吸孔高于水面

况评估。若动物状态较好，可自主保持平衡，且无其他伤病表现，可用绳索轻绑，另一头系在船只上，缓缓拖曳至外海深水区放归。

7.3.2 安乐死

鲸豚在我国属于保护动物，因此要做出安乐死的决定必须谨慎。需严格评估其从严重伤害中恢复的能力，并且只有在明确动物已无法挽救且承受痛苦伤害的情况下，才能考虑安乐死。救护人员应同有海洋哺乳动物救护经验的兽医以及负责相关工作的责任部门共同商议，才可做出安乐死的决定。

有以下表现的鲸豚可以考虑安乐死：

- 身体残废，无法自主生活；
- 大量流血；
- 对外界没有反应。

注意事项

- 应向负责相关工作的责任部门上报，进行决策和报备；
- 由具备海洋哺乳动物救护经验和资质的兽医提供安乐死的建议，并执行具体操作；
- 采取的措施应该尽可能快地让动物失去意识，不可额外增加痛苦；
- 引导舆论，向公众解释对动物采取安乐死手段的原因。

※ 当前我国大陆对搁浅鲸豚实施安乐死尚无先例，此部分仅作参考，具体情况仍应具体分析。

7.3.3 移送救护机构

如果要运回室内治疗：

- 应先把动物放到摊开的担架上，在皮肤较薄、容易散热的部位涂抹羊毛脂，以防干裂；
- 在体表盖上湿毛巾，保持湿润；
- 把动物的鳍肢伸出放在担架两边预留的空隙里，以免运输时鳍肢被折断；

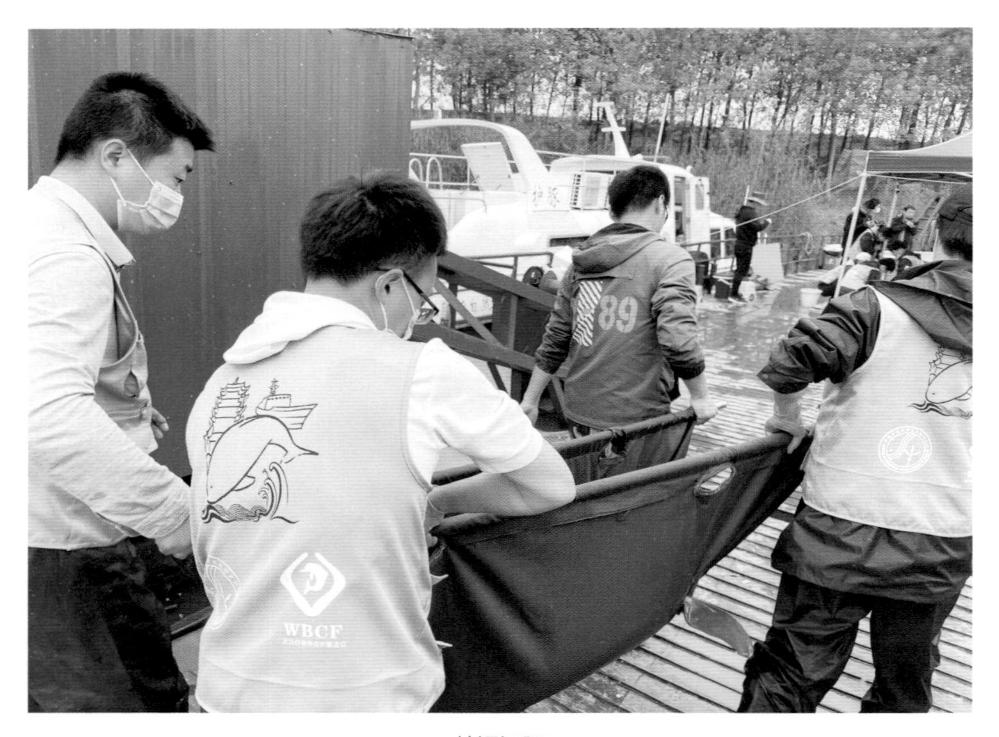

转运江豚

- 每 5~10 分钟检查并记录 1 次动物的心跳和呼吸频率；
- 到达目的地后，立即进行必要的外伤处理和其他预防及治疗处理。

当被救护的动物送到救护机构后，应尽快将其放入水池中。但应注意将动物放回水中时不能直接抛到水里，最好是用担架把动物抬到水池的浅水区，把担架及动物一起沉入水下，然后抽出担架，人托住动物在水里缓慢向前移动，让其逐步恢复游动能力，直到能正常游动时再放开。这里要注意的是，此时救护池水不能太深，一般不要超过 1 米，这样便于救护人员下水操作。鲸豚终生生活在水里，恢复它们的游动能力是成功救护搁浅或误捕动物的关键，所以在最初一段时间里必须坚持进行帮助其恢复游泳能力的锻炼。

注意事项

- 暂养池应有独立的过滤系统，以免传染性疾病的传播；
- 保持水质清洁，池水不但要过滤，还要用适量的臭氧和氯气消毒；
- 若需要将多头鲸豚安置在同一水池中，放置之前需要进行粪便检查，避免传染性疾病在不同动物之间传染；受感染的动物应当单独暂养；
- 不同鲸豚的用具（例如毛巾等）应消毒、分开使用。

第 8 章
救护误入河道的鲸豚

发现误入河道等淡水环境中的海洋鲸豚应及时报告负责相关工作的责任部门，由相关责任部门统一组织指挥救护。组织现场人员跟踪值班，维护现场秩序，保证鲸豚安全。值班人员负责现场记录鲸豚活动状况，包括地点、鲸豚移动路线、呼吸频率等。禁止使用麻醉枪等器械伤害鲸豚。建议采用“声驱法”驱赶鲸豚离开河道等淡水环境，引导其自行游回大海。

“声驱法”基本操作

安排驱赶船 3~5 艘，呈一字均匀排开，向下游方向驱赶鲸豚。具体做法如下：每艘船两舷各安置一排竹竿（竹竿长度尽可能在 2.5 米以上），每艘船上安排至少两人，以不同高度和不同频率敲击竹竿。当驱赶行动开始时，驱赶船启动，以不同速度行驶。行进过程中采用“S”形线路，耐心逐步驱赶鲸豚游回大海。

注意事项

• 驱赶船在行进过程中，必须保持叠加的“S”形线路；

• 驱赶船在行驶过程中采用不规则变速行驶，制造大小不同的噪声，促使鲸豚逃逸；

• 敲击竹竿要不间断、循环往复，保持驱赶噪声的连续性；

• 敲击竹竿人员还要负责瞭望鲸豚的情况，以便及时采取相应措施。

记录你学到的知识

第 2 部分

海龟类

救护技术指南

概　述
海　龟

1. 海龟类动物的基本特征

海龟是海洋龟类的总称，属爬行纲龟鳖目，海洋爬行动物。海龟与陆龟、淡水龟虽源自同一祖先，但形态和生活习性截然不同。陆龟生活在干旱区域，淡水龟生活在河流、小溪等淡水充分的区域，而海龟绝大部分时间都在海中生活，只有产卵和晒太阳时才会上岸。

海龟的外壳很扁，有助于减少其在水中游泳的阻力，但海龟也因此受到了限制——无法将头和四肢缩进外壳里。海龟的生长速度介于陆龟和淡水龟之间，寿命也介于二者之间，一般为 30~50 年。

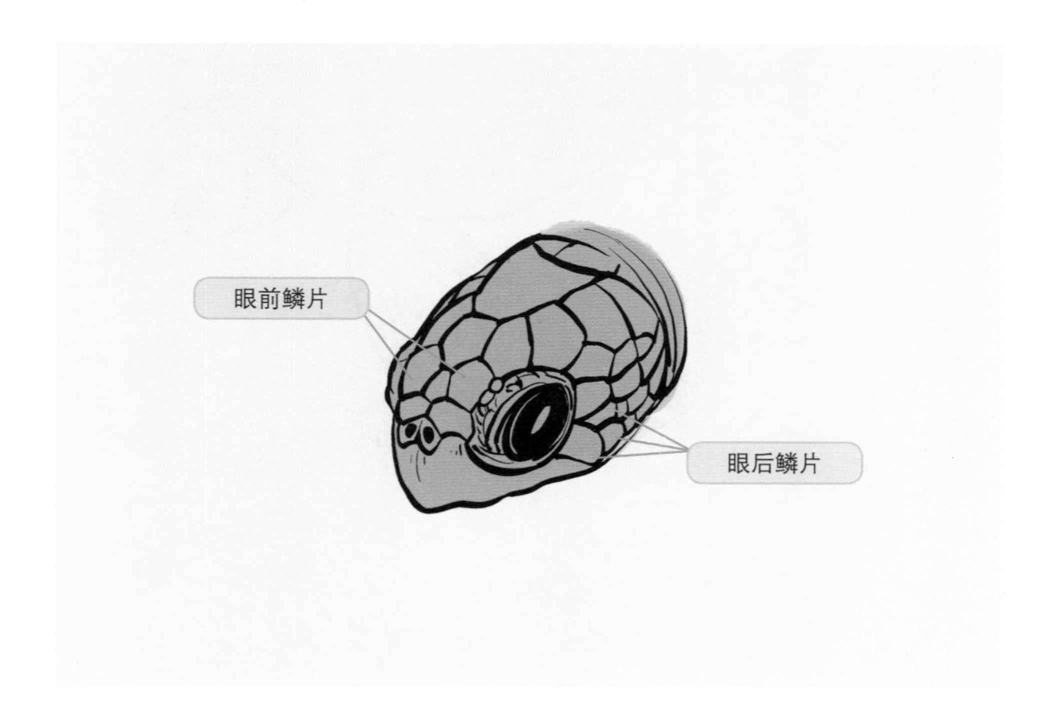

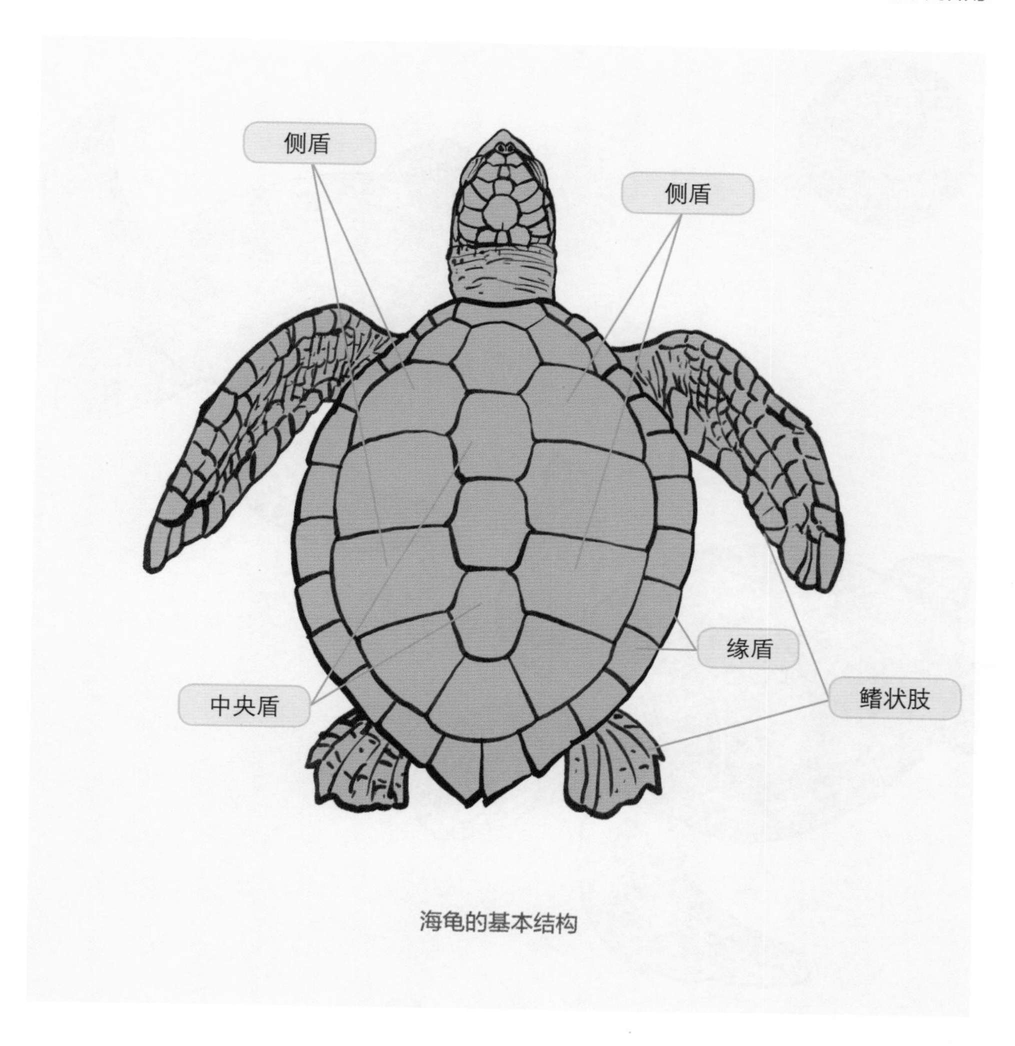

海龟的基本结构

2. 海龟类动物的分类

世界上现存海龟仅有 2 科 6 属 7 种，分别为绿海龟（*Chelonia mydas*）、红海龟（蠵龟）（*Caretta caretta*）、玳瑁（*Eretmochelys imbricata*）、太平洋丽龟（*Lepidochelys olivacea*）、大西洋丽龟（*Lepidochelys kempii*）、平背龟（*Natator depressus*）和棱皮龟（*Dermochelys coriacea*）。其中棱皮龟为体形最大的海龟物种，体长可达 2.7 米，体重可达将近 1 吨。

全球
海龟
物种一览

绿海龟 *Chelonia mydas*

红海龟（蠵龟） *Caretta caretta*

玳瑁 *Eretmochelys imbricata*

平背龟 *Natator depressus*

大西洋丽龟 *Lepidochelys kempii*

棱皮龟 *Dermochelys coriacea*

太平洋丽龟 *Lepidochelys olivacea*

3. 海龟类动物的生活史

大部分海龟物种是大洋洄游型，有着非常复杂的洄游方式。其不同生命阶段的分布区域、洄游距离、洄游类型、洄游发生时间与持续时间以及洄游路径偏好等，都存在种内和种间的差异。在全球 7 种海龟中，有 2 种海龟不会洄游至我国海域，一种是平背龟，是唯一不进行大洋性洄游的海龟物种，其活动区域局限在澳大利亚大陆架的浅水区；另一种是大西洋丽龟，仅在墨西哥湾有产卵场，主要分布在墨西哥湾以及美国东海岸，最远分布在欧洲海岸（贾语嫣，2019）。除了平背龟，其余 6 种海龟的生活史及相应洄游方式基本符合以下通用模式。

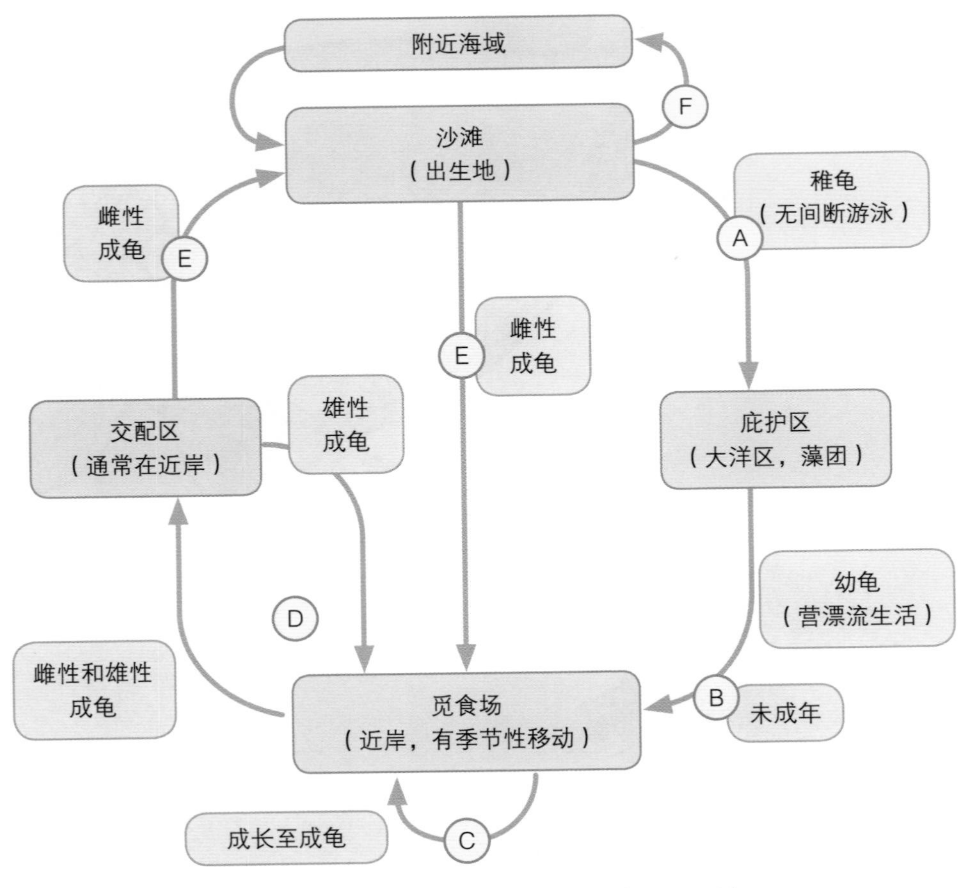

海龟生活史及洄游模式图（修改自贾语嫣，2019）

A 稚龟在沙滩上孵化出来，便经历第一次长距离洄游。人们对这个阶段稚龟的存活方式还未完全了解，这个过程中稚龟需要躲避捕食者。不同海龟躲避天敌的具体方式还有待进一步揭示，但从总体上看，这个洄游的目的地都是向外海的。

B 幼龟成长到一定年龄后开始进行第二次长距离洄游，逐渐从大洋洄游回近海，并寻找合适的觅食场。

C 幼龟随着季节的变化改变觅食场，在此过程中逐渐成长为性成熟的成龟。海龟性成熟的时间因种而异，且种内个体成熟的年龄和体长差异也非常大。

D 海龟性成熟后开始进行生殖洄游，游向产卵场，距离可达上千公里。雌龟和雄龟的实际交配地点比较多变，有的在大洋，而大多数在产卵场附近的海域。雄龟交配后便前往觅食场。

E 雌龟交配后准备上岸产卵。产卵完毕后，雌龟前往觅食场，直至几年后的下一个繁殖期再次返回原产卵场。

F 雌龟一个产卵季会多次产卵。每次登陆沙滩产卵后返回海中，并在1~2 周内再次返回产卵，如此往复数次，该期间始终在产卵场附近海域活动。

第 1 章
我国海域的海龟

我国海域分布有 2 科 5 属 5 种海龟，分别为绿海龟、红海龟、玳瑁、太平洋丽龟和棱皮龟，自 2021 年 3 月起均被列为国家一级重点保护野生动物。

我国海域分布的海龟

海龟在我国的南海、东海、黄海和渤海均有分布，但主要集中在南海，产卵场只分布在南海。南海分布有我国 90% 以上的海龟资源，主要以绿海龟为主，数量占到 85% 以上，其他物种已相当少见。

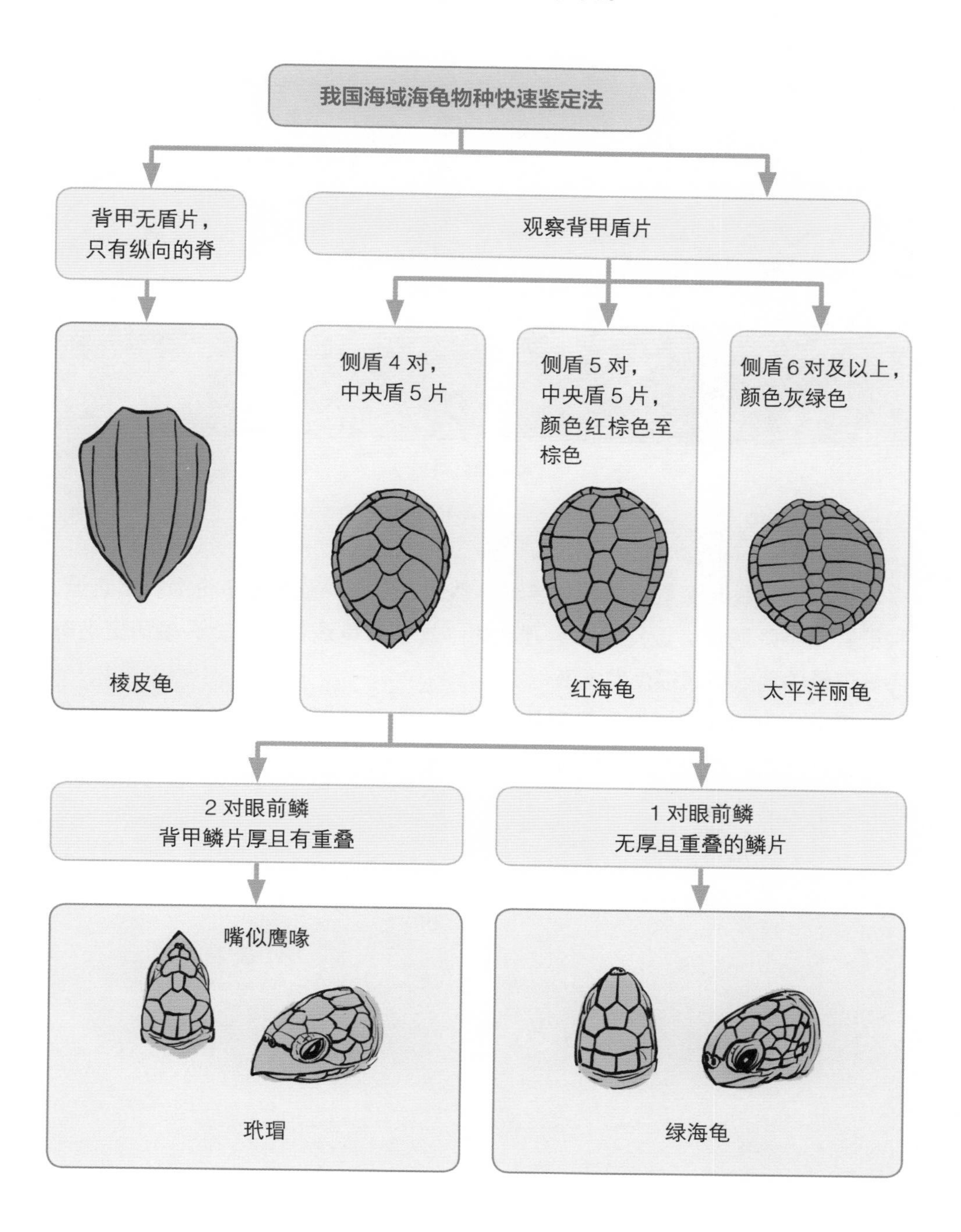

惠东海龟湾

历史上，我国海龟资源较为丰富，然而近年来，我国海龟资源持续衰退，种群数量下降明显。近几年陆续开展的小规模海龟调查显示，许多历史上有海龟记录的地点现已很少发现海龟。

目前，已知的我国海龟产卵场主要集中在西沙群岛自然地貌保存相对较好的偏远岛屿，那里有我国现存的最大的绿海龟产卵场，自 2016 年以来，每年均有上百窝的海龟卵产出。

我国大陆沿岸的海龟产卵场目前只有广东惠东港口海龟国家级自然保护区所在地及其周边沙滩。该保护区主要保护绿海龟种群及其繁殖生境。

第 2 章 海龟受胁原因

当前海龟受到的威胁来自多个方面，包括自然原因和人为原因，具体如下。

2.1 自然原因

这部分威胁主要出现在海龟稚龟破壳之前和破壳而出后返回大海的途中。这一过程稚龟会遭受许多天敌的攻击，一些在沙滩上活动的动物，包括附近的野生哺乳动物、蛇、海鸟，甚至是人类饲养的家畜，都有可能吞食海龟卵、攻击稚龟。哪怕进入大海，稚龟仍有可能被肉食性鱼类攻击。

稚龟的存活率极低，据估计，每 1000 只小海龟中仅有一只能长大成年。成年海龟的天敌较少，一般为大型鲨鱼或虎鲸。

2.2 人为原因

人类活动对海龟产生的威胁可以分为两个方面：

① 直接或间接的捕杀；

② 栖息地的破坏。

2.2.1 直接捕杀

在我国传统思想和历史记录里，海龟的肉、蛋可食用，骨骼可作为药材，龟甲可制成装饰品，价值极高，因此海龟经常遭到沿海居民的捕捉、宰杀。

2.2.2 兼捕或误捕

当前对海龟、鲸豚等濒危海洋动物的兼捕或误捕仍无法完全避免。目前大多数网具种类都有可能意外捕获海龟，但流刺网、定置刺网和拖网（尤其是虾拖网）对海龟的威胁最大。哪怕在渔民发现后立刻将海龟放回海里，网具的拖曳、围困都有可能已经令海龟受伤、窒息以及生理机能失调等，严重者会休克甚至死亡。

除此之外，有些地方民俗出于对“放生积德”的执念，滋生了“为放生而捕捞”的产业链。渔民将误捕或兼捕的海龟卖给中间商，中间商再将海龟收集起来，成批贩卖给寺庙或致力于放生的团体。这个过程中不仅涉及违法买卖野生动物的行为，还涉及虐待动物的行为，因为这些等待放生的海龟的生存环境不容乐观，动物福利极差。

2.2.3 陆地栖息地的破坏

海龟一生只在产卵的时候才会来到岸上，而它们的产卵场都是沙滩，沙滩是雌龟挖坑产卵、龟卵孵化以及稚龟下海的区域，因此对海龟陆地栖息地的破坏尤指对海龟产卵场沙滩的破坏。

随着沿海环境的开发，部分沙滩被开发成港口码头等，还有部分沙滩被开发成休闲娱乐场所。沙滩因海岸工程而被改造意味着海龟产卵场的直接消失，沙滩因旅游业发展而成为人类休闲活动区则意味着这里的海龟产卵场容易受到人类活动的影响，例如人类的踩踏、沙滩越野车的碾压、垃圾污染等。此外，人类在沙滩上的夜间活动往往伴随着大量的非自然光，光污染也会对海龟产生负面影响。强光会给上岸产卵的雌龟造成惊吓，导致其产卵行为失常，例如不敢上岸、背光爬行、减少挖洞次数、挖洞过浅、产卵不彻底等。而海龟卵则有可能因为光污染的影响，孵化率降低。

2.2.4 海上栖息地的破坏

对海龟的海上栖息地最严重的破坏行为包括电鱼、炸鱼及毒鱼。电鱼可能会直接电伤海龟，炸鱼会严重损害海龟的听力，而毒鱼则有可能通过食物链将毒素传递给海龟，导致海龟中毒。非法渔具的使用，如极具破坏性的底拖网捕鱼作业方式，会破坏海底的珊瑚礁，导致海龟栖息地的丧失。除此之外，水质污染也会破坏海龟的栖息地。

如今全球气候变化对海龟生存的影响亦不可忽视。

首先，全球气候变暖意味着海平面上升，而上升的海平面有可能淹没海龟的部分产卵场，导致其产卵场的丧失。其次，全球气候变暖导致部分浮游生物的分布范围向高纬度地区扩张，而以浮游动物为食的海龟也随之变更其活动区域。最后，最明显的就是对海龟孵化的影响，海龟卵孵化出的海龟性别受卵坑中沙子温度的影响，若沙子温度过高，孵化出来的海龟中雌性的比例会增加，如此一来，种群的性别比例就会失调，导致海龟种群的延续出现困难。

此外，海龟的生存温度下限为 25~27 摄氏度，上限为 33~35 摄氏度，海龟卵在孵化后期会产生大量的代谢热量，因此卵窝沙子的温度也会随之升高，若沙子温度过高，则孵化率很可能降低，最终导致海龟的存活率进一步下降（程一骏，2010）。

第 3 章 救护流程框架

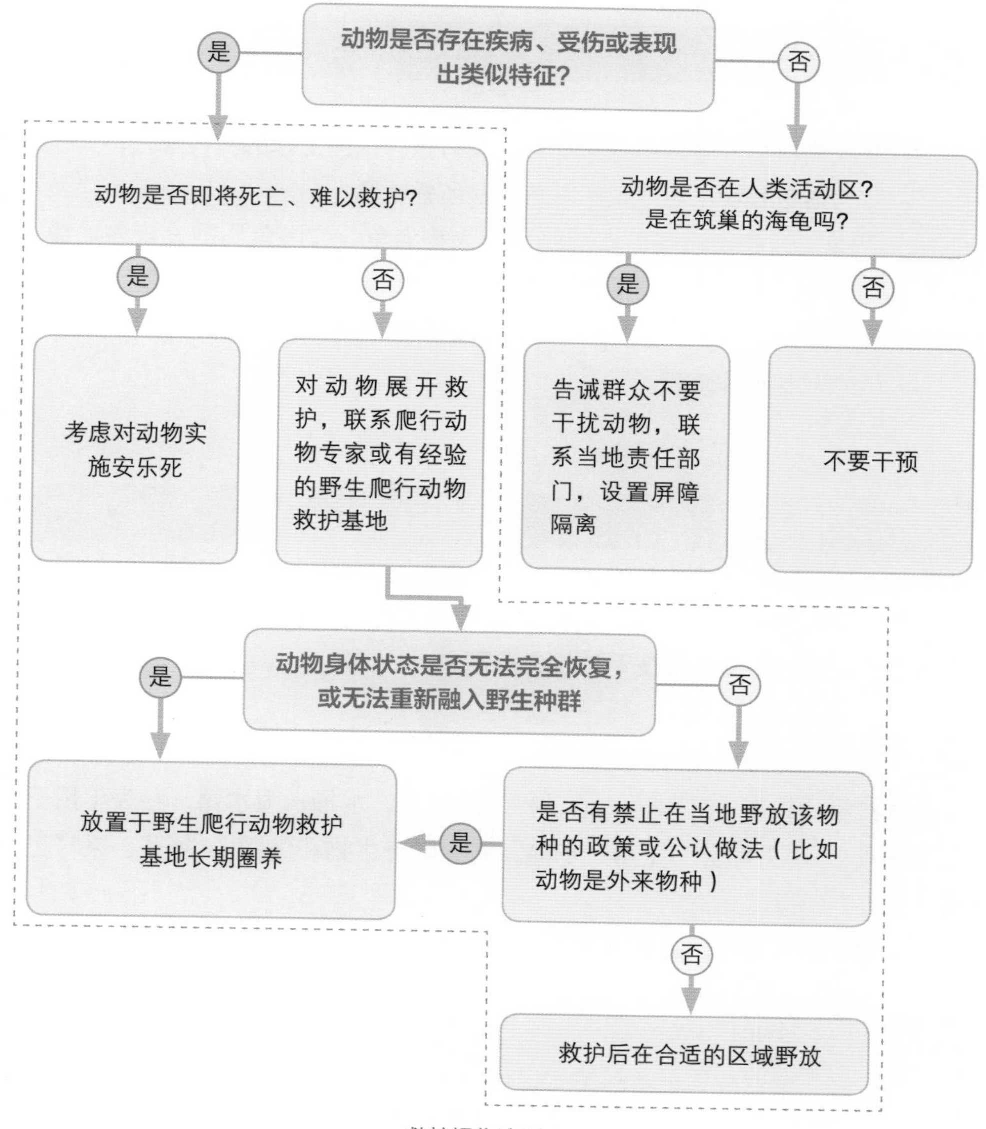

救护操作流程

第 4 章 救护准备

4.1 工作准备

① 核实需救护海龟的信息和地点，及时报告**相关工作的责任部门**；

② 集合海龟救护小组成员，准备救护所需物品；

③ 迅速到达指定现场，若受伤的为大型海龟，在海龟周围设置警戒线，防止无关人员进入现场，若受伤的为小型海龟，将海龟转移至围观人群少的救护环境；

④ 进入救护操作流程。

4.2 物品准备

救护受伤的海龟，迅速及时地实施救护及治疗处理是关键。因此救护部门的救护设备与物品必须**在平时就准备齐全**。

救护器材：

急救箱、纱布、注射器、酒精棉、遮阳伞、水桶、喷水器、秒表（用于记录呼吸）、小刀和剪刀（用于切除、剔除附着生物和绳网）、镊子、采样工具、相机、GPS 定位仪等。

若需要搬运动物，则要准备专用运输箱、海绵垫、毛巾等。

基本救护药品：

凡士林、葡萄糖、生理盐水、氯己定溶液、聚维酮碘溶液、碘液等。

第 5 章 海龟救护注意事项

5.1 对救护人员的保护

海龟的咬伤可能致残、致死，救护时首先要保证救护人员自身安全，可使用适当的个人防护设备。

5.2 对被救护动物的保护

1. 救护人员在开展救护尝试之前应当详细评估救护风险。

2. 运输可能会给动物带来压力，应尽量缩短运输距离。

3. **海龟是变温动物，不是恒温动物，一定要注意其体温调节，不要令动物体温过高或过低。**

4. 在救护海龟过程中应当注意隔离受感染个体，避免疾病在不同海龟之间传播。

第 6 章 海龟状态评估

在野外遇到待救护海龟时，在移动动物之前，应观察动物，对动物进行评估，确定动物是否有外部损伤。*

6.1 水中评估

救护人员有时候可能需要在海水环境中救护海龟。在这些情况下，动物和救护人员都会面临许多潜在危险，包括溺水，**救护人员在任何时候都不应为了拯救动物而危及自己**。救护人员应穿戴适当的个人防护装备，包括潜水服和防滑靴，以免被魟鱼、海胆等动物扎伤。

水中评估时，救护人员应检查：

6.1.1 动物的游泳能力

① 一般活动。前肢是海龟主要的推进工具，若海龟在游泳时减少使用前肢或非对称地使用前肢，表明其可能受伤或乏力。

② 异常游泳姿势。头部创伤和寄生虫感染（如螺旋体虫病和播散性球虫病）可导致海龟出现异常的游泳模式，包括快速盘旋和明显的活动定向障碍。

③ 呼吸。若海龟呼吸声过大、呼吸频率高（即气喘严重）表明海龟可能呼吸困难，原因如肺部感染等。

④ 视觉。海龟在水下视觉良好，因此可评估其在水下用视觉导航的能力。需要注意的是，在大多数情况下，海龟在看见不利情况时会选择逃走，

*注：第 6~8 章部分内容译自澳大利亚新南威尔士州规划、工业和环境部门发布的 *Guidelines for the initial Treatment and care of Rescued Sea Thrtles*，并且得到了翻译和出版授权。

很少考虑自己的伤情，除非伤得很重、失去行动能力。

6.1.2 动物的浮力

海龟裸露的背甲和水面的连接处被称为“水线（water line）”。

存在行为浮力的海龟主动选择在水面上长时间休息，以保存能量并避免溺水，此时它们的水线是对称的。

当海龟受伤或生病时，无法长时间潜入水中，此时身体会受到异常正浮力的影响。这种异常正浮力与行为浮力是有区别的。当气体积聚在肺外或胃肠道内时，就会产生这种现象。受到异常正浮力影响的海龟身上的水线很明显，而且水线通常是不对称的。

海龟未受到异常正浮力的影响，其前肢和水线均对称

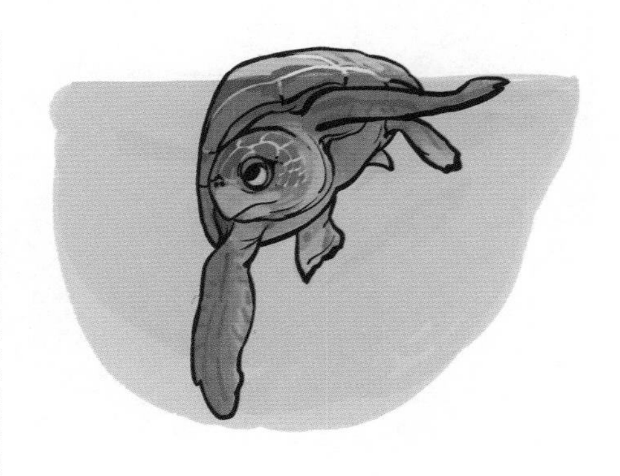

海龟受异常正浮力影响，其前肢和水线均不对称

6.2 陆上评估

救护人员有时候需要在潮间带救护海龟。在救护动物之前，救护人员应观察、评估海龟的活动能力、身体状况、呼吸频率、外部伤口、体表附生生物（例如藤壶、螺、贝），并确定动物是否有吞食任何难降解物质或被网具缠绕。

陆上评估时，救护人员应检查：

① 反应。海龟的反应可以分为警觉的、消沉的或无反应的。正常健康

的、背部朝上的海龟受到干扰时，头部通常会抬高。海龟的异常反应包括无法抬起头部、头部歪斜、颤抖以及对外部刺激做出过度的反应。

② 龟甲完整性。患有慢性病海龟的背甲盾片通常不会正常生长，角蛋白似乎已经从边缘褪去。运输前，救护人员还应检查动物的龟甲是否有损伤，例如螺旋桨造成的损伤等。

③ 身体状况。观察海龟头部、颈部和前后肢的肌肉是否丰盈。例如，海龟头骨后部有一个突出物，被称为“枕上突”，如果海龟过分瘦弱，那么可以观察到其枕上突明显突出。

被鮣鱼吸附的海龟
（建议将鱼去除以免妨碍其行动）

被误捕的太平洋丽龟

第 7 章 海龟救护操作

对海龟进行初步护理和治疗时，若海龟的活动能力强，需要控制住它的行动。

通过按住海龟背甲前部来控制、约束动物。把海龟的前肢紧挨着身体收在两侧，避免海龟挪动前肢向前爬行。对于体形较小的海龟，可以通过按住前肢根部控制其行动，但不可约束太紧，避免动物脱臼或骨折。

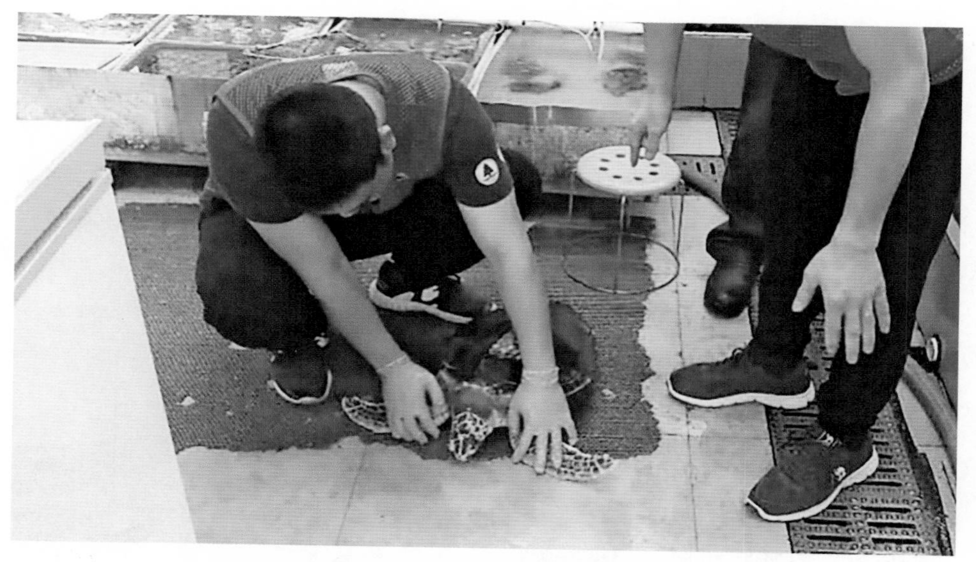

对于体形较小的海龟，可以通过按住前肢根部控制其行动

7.1 初步护理与治疗

7.1.1 补水治疗

对获救海龟的补水方法包括把海龟浸泡在淡水中，或在体腔内、皮下、静脉注射液体。液体注射必须由兽医或在兽医的直接监督下操作。

如果海龟的情况足够稳定，可以将它放置在淡水中，浸泡在淡水中可以让海龟通过口服和泄殖腔吸入的方法来补充水分。除此之外，还可以减少海龟龟甲和皮肤上的附生生物负荷，这些附生生物会因浸泡在淡水中而死亡，并逐渐脱落。

然而，需要注意的是，若动物过于虚弱，无法游动，它们可能会在浅水中淹死；除此之外**浸泡在淡水中的时间不能太久，否则它们可能在 48 小时内出现电解质失衡，如低钠表现。**

7.1.2 伤口处理

浅表层伤口处理应先用无菌生理盐水温和冲洗伤口表面，以清除伤口附近的沙子等杂质。如怀疑伤口有活动性感染，应用稀释至 0.05% 的氯己定溶液彻底冲洗伤口，若是眼睛周围损伤，应用稀释至 1% 的聚维酮碘溶液彻底冲洗伤口。

在海龟伤口已经或疑似已经穿透体腔的情况下，应避免冲洗，并向具备爬行动物救护经验的兽医寻求建议。海龟的皮肤没有哺乳动物的皮肤那么有弹性，且其皮肤被固定在许多连接点上，包括头骨、龟甲。因此通过手术缝合海龟皮肤破损处并不完

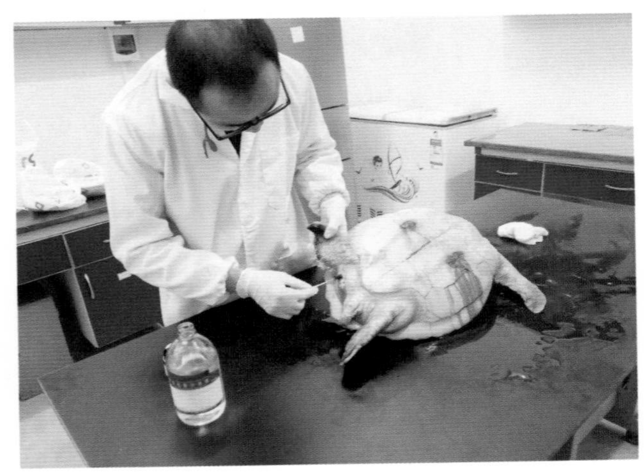
给海龟的伤口消毒

全可行。

此外，还需要评估龟甲伤口的深度及其对下层组织、器官和骨骼的影响，包括脊柱。刺穿背甲的伤口可能影响到肺。胸甲上的重伤则可能穿透肝脏和胃肠道。

7.1.3 止血

可以像对待其他动物一样，通过直接加压止血。使用止血带时要小心，因为如果加压时间过长，可能会造成严重的永久性组织损伤。

严重的、无法控制的出血需要通过手术干预，应该由有爬行动物救护经验的兽医进行。同时也可以使用凝血粉进行止血。

7.2 搬运动物

运输可能会给动物带来压力，应尽量缩短运输距离。人工搬运时尽量触碰动物身体未受伤处。瘦弱的动物肌肉张力较差，需小心处理，避免造成骨折和内伤。

7.2.1 选用容器和填充物

海龟对运输的耐受性相对较好，但仍应尽量减少搬运。搬运前还要选择大小合适的海龟容器以及适宜的填充物。容器填充物对于瘦弱的动物尤其重要。可以选择大量的毛巾和软垫包裹海龟。

有条件的情况下使用装有少量海水的运输箱进行较长距离的运输，装入的海水水位不要高过海龟鼻孔位置，同时进行遮阴，保证在较为湿润和避免阳光暴晒的条件下进行运输。

7.2.2 体温调节

在炎热的天气里，可以在海龟背甲上放一条湿毛巾来辅助降温。如果使用湿毛巾降温，还应在运输过程中对动物进行监测，以确保湿毛巾不会直接暴露在空调中，否则可能会使动物过度降温（**注意！海龟不是恒温动物，体温调节应谨慎**），并确保毛巾不会覆盖海龟的面部，阻碍其呼吸。

7.3 进一步处理方式的选择

根据海龟健康状况检查结果，结合当地实际情况做出评估，选择直接送回大海、安乐死或是移送救护机构做进一步治疗。

7.3.1 送回大海

将动物送回大海必须满足以下条件：

- 动物身体状况良好且没有外伤；
- 可以自行在水中保持平衡；
- 海面状况平静；
- 有足够器材搬动。

注意事项

- 选择在高潮时送入海中，且海中无障碍；
- 需仔细为动物的身体各部分拍照，并尽量录下救护全过程；
- 需记录如体长、性别等资料；
- 可以的话，在动物体表安装追踪器，并采集皮肤组织；
- 释放的区域应当尽量避开行船密集的航道。

给被救护的海龟安装电子芯片

7.3.2 安乐死

由于海龟属于濒危动物，因此要做出安乐死的决定必须谨慎。需严格评估其从严重伤害中恢复的能力，并且只有在明确动物已无法挽救且承受痛苦伤害的情况下，才能考虑安乐死。救护人员应同有爬行动物救护经验的兽医以及相关工作的责任部门主管共同商议，才可做出安乐死的决定。

有以下表现的海龟可以考虑安乐死：

- 双目失明；
- 前肢严重断裂或被迫截断；
- 身体同一侧失去前肢和后肢；
- 龟甲严重损毁或移位，不太可能重新愈合；
- 伴有神经症状的头骨骨折，包括瘫痪；
- 只能盘旋游动，初始治疗后没有反应。

在可能的情况下，应当由具备爬行动物救护经验的兽医亲自实施安乐死。使用的安乐死方法必须令海龟意识迅速丧失，然后心脏骤停。

7.3.3 移送救护机构

海龟的短期圈养需求与长期护理需求不同。圈养环境应根据动物的行为和健康状况变更。

前 24 小时

待救护海龟常被放在软垫表面，进行初步急救。可以通过覆盖湿毛巾或持续喷水来保持海龟表面湿润。

也可将动物置于水池中。在户外，将海龟浸入水中可以减少苍蝇对海龟的负面影响。然而，虚弱的动物会缺乏抬起头呼吸的力量，因此为了防止海龟溺水，水池的水位应该低于海龟鼻孔。

转运过程中，用来容纳海龟的容器应该足够大，海龟的前肢可完全伸展。填充物应均匀并完全填满容器，防止动物被缠绕或移位。

24 小时后

过了 24 小时，可以将海龟的水环境转为温暖的海水。随后，应该短暂地观察海龟在浅水中的状态，根据动物的反应，决定是否要延长观测期限，直到动物可以独自留在水里过夜。

动物若是从冷水中被救出的，那么水的温度需要逐渐升高，让其逐渐适应。具体做法为：将它们置于不超过 3 摄氏度的海水中，然后每天逐渐升高不超过 3 摄氏度，直到温度达到 23~26 摄氏度。圈养环境的水温应保持在 23~26 摄氏度，并适当过滤。

注意事项

不同动物个体之间应当避免传染性疾病的传播，具体操作有：

① 若需要将多只海龟安置在同一个水池或水箱中，共同放置之前需要进行粪便检查，排除原生动物卵囊等有机体的存在；

② 单独安置受感染的海龟，为受感染个体单独提供海水；

③ 不同海龟的用具（例如毛巾等）应消毒、分开使用；

④ 用适当的消毒剂清洁受感染海龟的龟甲。

第 8 章
海龟常见需救护情况及表现

8.1 网具缠绕

海龟的皮肤很坚韧，相对鲸豚的皮肤来说更能抵抗被缠绕的伤害，比如被细线缠住的勒伤。

检查海龟颈部和前后肢的皮肤是否发红、肿胀和不对称，若有，则说明海龟可能被网具缠绕过。

网具缠绕除了造成海龟软组织损伤以外，造成其溺水的可能性也很高。海龟溺水的表现各不相同，但是如果救护人员发现海龟的嘴或鼻孔冒出泡沫，说明动物可能在被缠绕时吸入了液体。单丝鱼线缠绕会留下更多肉眼可见的损伤，因为这种细线可能会穿透海龟皮肤、导致海龟骨折。

海龟的鳍肢被钩子钩穿

经过救护后伤口愈合

8.2 异物吸入

海龟误食渔线和渔钩的情况并不少见，渔线和渔钩会导致海龟口腔溃疡、骨头侵蚀。

当动物身上有渔钩或渔线时，就需要兽医治疗（**注意！不要直接剪断渔线，渔线若连带渔钩，则可以帮助定位渔钩的位置**）。

若动物误食渔线或渔钩，那么对动物采取的救护手段取决于渔钩或渔线在消化道中的位置。有条件的可以将海龟送至附近动物医院或医院进行 X 光扫描，确定误食渔钩或渔线的情况。

渔线如果长度较短或渔钩没有卡在胃肠道中，则有可能通过消化道并被顺利排出。然而，渔钩或渔线也可能导致肠内溃疡，并造成较大创伤，这种伤害可能是致命的。

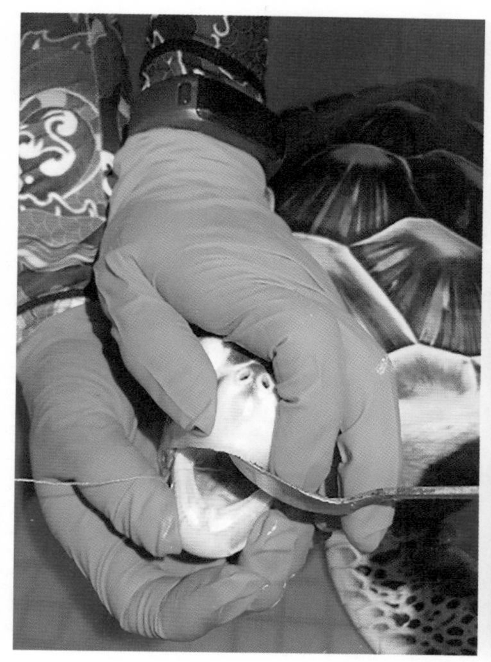
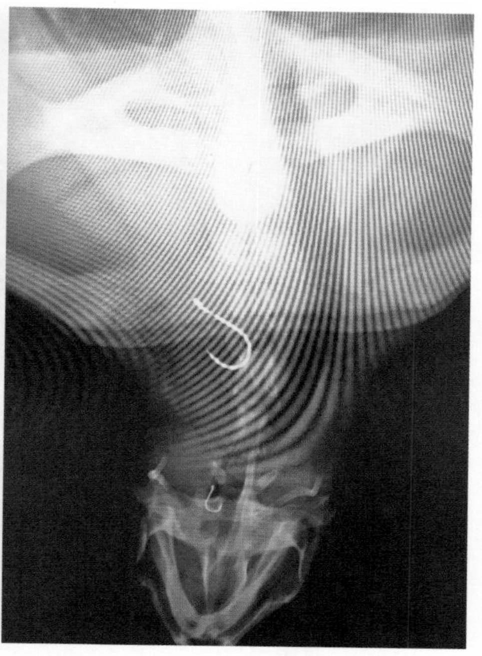

一只海龟误食带渔钩的渔线

海龟也可能吞食塑料和其他人工合成的难降解物质。这可能是海龟在海洋里不加选择地进食导致的，或是海龟将人工合成物误认为食物。海龟食用人工合成物的后果小到营养不良，大到胃肠道阻塞，严重者甚至最终死亡。不过在某些情况下也可能不会对海龟造成负面影响。

8.3 船只冲撞

船只冲撞是导致海龟受伤的常见原因。即使冲撞没有令海龟鳍肢或龟甲出现外部损伤，船只的冲击力也会导致海龟体内出现严重的软组织损伤，甚至是致命的内出血。

由于海龟需要浮出水面呼吸，因此海龟的头部和背甲是最容易受到撞击的部位。若是船身直接冲撞到海龟身上，通常会看到单一的钝器伤，并伴有骨折，若是螺旋桨打到海龟身上，则可能出现一系列平行、锋利的裂口。

背甲被撞伤的海龟

8.4 疾病

8.4.1 营养不良导致体虚

体虚是许多需救护海龟的常见表现，通常是由营养不良导致，根本原因可能包括食物供应不足、消化道疾病、异物堵塞消化道和长期生理压力等。临床上，海龟明显消瘦，如眼眶凹陷、肌肉量减少、背甲凹陷等，救护时应小心操作。

8.4.2 纤维乳头瘤病

目前，纤维乳头瘤病在所有海龟物种中均有发现，可导致单簇或多簇病变，可生长在海龟皮肤、龟甲和内脏器官上。病变表面凸起、不规则，颜色各异。病变会影响海龟视力，使其易受继发感染，并导致致命的并发症。绿海龟疱疹病毒 5 型（ChHV5）已被确定为纤维乳头瘤病的病因。纤维乳头瘤病在城市化水域中的海龟中更为常见，这表明水质和环境对海龟的健康有较大的影响。

如果发现海龟身上有纤维乳头瘤病病变，救护人员应执行严格的隔离程序，并联系兽医，进行治疗和样本采集。

8.4.3 感染

海龟可能受到寄生虫感染而呈现虚弱状态。寄生虫感染可能包括吸虫，例如螺旋体吸虫。成年螺旋体吸虫分布于海龟的心血管系统，成虫和卵可能引起海龟体内炎症和血管阻塞。除此之外，海龟也可能遭到细菌和真菌感染，出现呼吸道疾病、骨头感染、皮炎，最终进入败血症晚期。这些感染通常继发于其他生理压力表现后，包括营养不良引起的体虚等。

藤壶、茗荷等附生生物的干扰通常不会侵入海龟的身体内部，但是过量生物的附生会导致海龟的行动力减弱，甚至无法行动。因此应当采用刀具、撬具等移除海龟身上的附生生物。操作时应当小心，避免误伤海龟的龟甲和皮肤。

参考文献

程一骏，2010. 绿蠵龟［M］. 台湾：晨星出版社.

牟剑锋，2013. 中国沿海海龟的种类和分布的初步调查及惠东国家级海龟保护区的综合评价［D］. 山东大学.

贾语嫣，2019. 中国海域海龟迁移特征与产卵场现状［D］. 厦门大学.

Department of Planning，Industry and Environment，2021. Guidelines for the initial treatment and care of rescued sea turtles［Z］.［2023-10-15］https://seabirdrescue.org.au/wp-content/uploads/2022/08/rescued-sea-turtles-treatment-care-guidelines-210143.pdf

Phelan，Shana M. and Karen L. Eckert. 2006. Marine Turtle Trauma Response Procedures：A Field Guide［R］. Wider Caribbean Sea Turtle Conservation Network（WIDECAST）Technical Report No.4. Beaufort，North Carolina USA. 71pp.

记录你学到的知识

附　录

附录 1 动物搁浅等级

根据动物体的搁浅情况，可分为以下几个等级：

等级	情况
Ⅰ级	活体搁浅
Ⅱ级	尸体新鲜 （未发胀，未有异味）
Ⅲ级	尸体中度腐烂 （轻微发胀，开始发臭，舌头或阴茎突出，眼球干瘪）
Ⅳ级	尸体严重腐烂 （尸体塌陷，强烈臭味，脂肪层软化，肌肉溶化）
Ⅴ级	尸体蜡化，尸骨化

附录 2 搁浅鲸豚救护记录表

救护鲸豚物种		数量	
救护时间		动物体长	
救护地点		经纬度	
周边环境详述			
动物行动表现	动物姿势：正姿□　侧躺（无法摆正）□ 眨　　眼：有□　无□ 动物反应：警觉的□　消沉的□　无反应的□		
动物呼吸表现	呼吸频率：　　　次 / 每分钟 心跳频率：		
外伤情况	附生生物：有□　无□；体表受伤：有□　无□		
初步救护与治疗			
是否送回大海	是□　否□ 送回大海后表现：		
是否送入救护机构	是□　否□ 救护机构名称： 送入救护机构后初表现：		
备注			

附录 3
海龟救护记录表

救护海龟物种		数量	
救护时间		动物体长	
救护地点		经纬度	
周边环境详述			
动物行动表现	动物的水下视觉： 动物反应：警觉的□ 消沉的□ 无反应的□ 平衡情况：		
动物呼吸表现	呼吸频率： 次 / 每分钟		
外伤情况	附生生物：有□ 无□；龟甲受伤：有□ 无□		
初步救护与治疗			
是否送回大海	是□ 否□ 送回大海后表现：		
是否送入救护机构	是□ 否□ 救护机构名称： 送入救护机构后初表现：		
备注			

附录 4 我国鲸豚典型救护案例

一般情况下，搁浅鲸豚的救护难度为：小型个体搁浅 < 小型集体搁浅 < 大型个体搁浅 < 大型集体搁浅。我国沿海大型鲸豚集体搁浅事件十分罕见，1985 年在福建福鼎秦屿海湾曾一次搁浅过 12 头抹香鲸，此后未有类似事件报道。除了搁浅动物的体形和数量，动物的状态、现场环境（例如搁浅发生地离岸距离）等因素也会影响救护难度。需要对具体情况进行具体分析。

近年来，我国鲸豚的保护地位有所提高，鲸豚搁浅事件也逐渐受到重视，针对这些搁浅动物的救护能力也正在逐步提升。本部分摘选了若干例鲸豚救护案例，供诸位参考、学习和总结。

A4.1 小型个体搁浅案例

小型鲸豚类个体，尤其是江豚这类体长小于 2 米的动物，相对来说更容易救护。尽管如此，在搁浅事件发生的时候，还是容易出现这样或那样的棘手之处，现场操作也可能出现某些无法控制的失误。本部分选择三例救护成功的案例进行分析，案例中的动物最终都成功被放归大海，且在短期内未发现同一个体死亡或二次搁浅的事件发生。

A4.1.1 2020 年 5 月广东省台山市广海镇中华白海豚搁浅事件

❍ 事件描述

2020 年 5 月 3 日 9 时许，广东省台山市广海镇烽火角往白宵围方向浅水区，一头中华白海豚搁浅。该中华白海豚体长约 2.5 米，体重约 150 千克，体色粉白，无明显斑点，因此判断为老年个体，体表无伤。现场环境为泥质滩涂，离岸距离 100 多米。天气晴。

接报后，台山市公安局广海派出所民警、广东江门中华白海豚省级自然保护区管理处（以下简称“江门白海豚保护区”）工作人员前往现场轮番值守，托住动物身体防止其沉入泥滩，并进行专业的救护操作。最终，此次救护以当日 15 时 30 分涨潮后动物自主游离搁浅区域结束。

救护现场

❍ 救护难点

此次救护难点主要体现在**动物搁浅的现场环境**上。动物搁浅于泥质滩涂，且泥滩很深，救护人员站立动物搁浅地时泥水直接没至腰部。不仅如此，泥滩里的碎石、牡蛎贝壳等物体容易划伤救护人员。因此，尽管搁浅地离岸距离只有 100 多米，但是要到达动物身边并不容易。除此之外，在如此之深的泥滩里为动物进行各种救护操作比在坚实的滩涂上更难。

❍ 动物情况及应对措施

动物本身状态不错，是单纯的物理受困。在此环境条件下，无法调动船只直接将动物转运至深水区，而靠人力运输更是不可能。因此，最便捷有效的方法就是为动物提供舒适的条件，直至涨潮，令动物自行游走。

在动物搁浅的六个半小时里，救护人员做到了为动物撑伞遮阳、淋水保湿、用担架布调整姿势并支撑（因搁浅地为泥滩，沉积物柔软，因此无须为动物胸鳍所在处挖坑），事件发生地点围观群众较少，救护动物本身亦较为“配合”，尽管过程中动物表现出明显的挣扎行为，但后期可能因体力不支，表现得较为平静。

在距离涨潮还有一段时间的时候，江门白海豚保护区的一位工作人员发现搁浅地附近有水闸，如果可以开闸放水，令水流向搁浅地，或许能对动物有所帮助。于是他联系水闸的管理者，打开了水闸。与此同时，周边也有3~4 位工人自发地过来帮忙。他们在泥滩上徒手挖开一道“水渠”，把水闸放的水引到动物身边，这一举动起到了很大的帮助。

随着潮水上涨，救护人员开始将动物往深水处搬运。在水深超过半米处，救护人员撤去担架布，令动物活动肢体、尝试游泳。在确定动物身体状况良好，游动时能够保持平衡，并且自主朝着入海口的方向游动，上岸观察一段时间未见返回后，救护人员才确定救护成功。

❍ 经验总结

1. 对于这种泥滩上搁浅的案例，由于动物会不断挣扎，容易陷入泥里，堵塞呼吸孔导致窒息，所以当务之急是要托住动物的身体使之保持正常呼吸。

2. 救护器材有部分需根据接报时的天气情况确定，例如本案例中的遮阳伞。特制担架以及大块的毛巾是必须的，保险起见，还需要准备救生衣。

3. 此次案例的场景下，动物身边的人不必太多，2~3 人即可，其他人在岸上观察、维持秩序以及随时替换。等到涨潮后则需要尽可能多的人帮忙往深水处搬运动物。

4. 在此次案例后期，水闸的放水起到了很大的帮助。因此，如果再有类似的案例发生，救护人员除了对动物本身进行保护和安抚，也可以在等待涨潮的同时，更积极地找其他可以补充的水。

A4.1.2 2017 年 5 月广东省台山市赤溪镇糙齿海豚搁浅事件

❍ 事件描述

2017 年 5 月 3 日 20 时许，广东省台山市赤溪镇黑沙湾风景区发现一头搁浅的糙齿海豚。该糙齿海豚为雄性，体长为 2.2 米，动物活动力较差，身上有多处其他生物攻击造成的陈旧性伤痕。现场环境为沙质滩涂，是景区的一处沙滩浴场。时值夜间，无雨。

接报后，江门白海豚保护区的工作人员赶赴现场，组织群众进行现场救护。对动物进行评估后认为动物本身状态不佳，需移送救护机构进行进一步治疗。于是，江门白海豚保护区联系广东珠江口中华白海豚国家级自然保护区管理局（以下简称“珠江口白海豚保护区”）接力救护。随后安排车辆即刻运输，将动物转移至珠江口中华白海豚救护中心（以下简称“救护中心”）的救护池实施救治。动物经历了两个半月的圈养治疗。最终，此次救护以动物被成功放归大海画下圆满句号。

❍ 救护难点

此次救护主要有以下几处难点：

1. **动物搁浅被发现时为夜间，现场光线不足**，救护人员需要在救护动物的同时留意周围环境状况，保障自身安全，避免被离岸流卷走。

2. **动物身上有多处伤痕，精神不佳，无法在现场恢复健康状态**，需要转运至救护中心进行进一步救护。因此，救护人员需要尽快联系物资、车辆的调配，若平时没有搭建相应联络网，会拖延救护时间。

3. **在转运至救护中心后，动物表现出无法自行上浮至水面呼吸，且无法在水中保持平衡的情况**，需要救护人员进行 24 小时轮班照顾。参与照顾的救护人员中至少要有一名兽医，实时监测动物的身体状况，根据情况给予治疗。

❍ 动物情况及应对措施

此次救护场景有三个，分别为搁浅现场、转运至救护中心途中和救护中心。

在救护人员到达搁浅现场后，动物已体力不支，无剧烈挣扎，只隔段时间才动动尾巴。现场采取的救护措施主要包括：①覆盖毛巾、持续淋水以保持湿润；②挖掘泥沙为胸鳍腾出空间。夜间温度较低，无日光暴晒，因此无须为动物撑伞。同时，救护人员亦时刻关注动物的呼吸频率和反应。

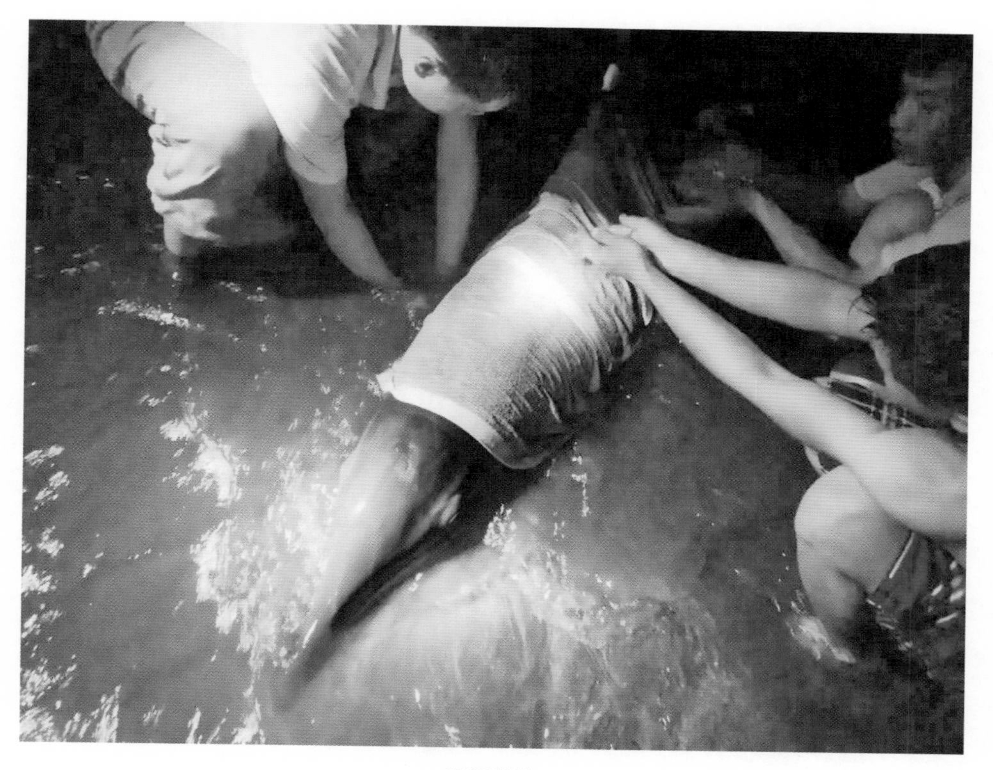

现场救护

在转运途中，救护人员联系了运送海鲜的厢式货车，先在车厢内垫上一层彩条布（略有存水作用），然后垫上一层棉絮，用水彻底浸湿，再把动物连同担架布放在棉絮上。安置好动物后，把彩条布和棉絮收拢，围在动物身边，使之成为一个小型的“水池”，让动物身体的一部分泡在水里。动物体表覆盖毛巾，车厢内再放一桶水，隔段时间就往动物身上浇水，让它的皮肤始终保持湿润状态（所有的水均为海水）。运送过程中由两位救护人员在厢内观察动物的情况，记录呼吸频率等。运送过程中，动物状态比较稳定，呼吸正常，无剧烈挣扎现象。

与此同时，救护中心那边也在准备，立刻对救护池进行清洁、消毒，准备必要的药品、器材，调低水池水位等。

在距离动物被发现搁浅七个多小时后，即发现后的次日凌晨，动物到达救护中心。进入救护池后，动物出现肌肉僵化的情况，无法自主上浮至水面呼吸、维持平衡。于是，江门和珠江口两地保护区的工作人员组建联合救护小组，轮流泡在救护池中帮助动物漂浮于水面呼吸。此时救护池的水深控制在较浅的状态。在运至救护中心两小时后，动物可以自主上浮呼吸。

救护人员帮助救护池里的动物适应水中状态

接下来，救护人员实行 24 小时轮流值班制度。尽管动物恢复了正常呼吸，但仍难以自主维持平衡，容易侧翻。因此，救护池边有救护人员看守，时刻关注动物状况，一旦动物侧翻，便下水扶正。

与此同时，珠海长隆海洋王国的专业兽医在救护早期每天都来为动物进行检查和治疗。检查包括 B 超检查、抽血化验等，治疗方法则包括对症下药地在食物里添加药物饲喂。一开始动物还不开口主动进食，但为防止脱水，

动物被顺利放归大海

救护人员选择把鱼肉打成鱼浆进行灌胃。后期，动物逐渐恢复健康，兽医探访的频次减少，但池边仍有救护人员看守。

最后，经兽医评估，该糙齿海豚身体状态已完全恢复，并于 7 月 20 日被放归大海。

❍ 经验总结

1. 此次搁浅的发现实属偶然，发现的时候夜幕已降临，周围一片漆黑，动物身体皮肤为黑色，搁浅地的沙滩也是黑色。如果不是附近有人前往海边钓鱼，很难及时被发现。

2. 此次搁浅地距离江门白海豚保护区的办公地很近，救护人员可以很快地赶到现场进行处理，赢得了宝贵的时间。这也再次说明救护网络搭建工作的重要性。

3. 发现搁浅动物的时候是晚上，哪怕动物的状态不错，也不建议立刻放归大海，因为万一出现二次搁浅情况，无法第一时间发现。

4. 在转运动物的过程中，要特别交代司机低速（40 千米 / 小时左右）、匀速行驶，不要急加速、急刹车。

5. 兽医非常重要。把搁浅动物从搁浅地顺利送到救护中心，只是做好了前半部分，而后面的救治更为关键。除了动物自身要有较好的抵抗力和恢复力，兽医的水平、医疗团队的配合是最终能否救护成功、将动物放归大海的关键。

A4.1.3 2022 年 4 月海南省昌江县棋子湾印太瓶鼻海豚搁浅事件

❍ 事件描述

2022 年 4 月 7 日上午，有游客在海边玩耍时发现一头海豚搁浅，遂立刻报警，随后联系海南蓝丝带海洋保护协会（以下简称“蓝丝带协会”）。该动物为印太瓶鼻海豚，雄性，体长 2.5 米。动物奄奄一息，无力抵抗海浪的拍打，呼吸孔被海水淹没，体表多处新鲜伤痕且伴有感染，情况危急。现场环境为沙质滩涂，是酒店后方的一处沙滩浴场。天气晴。

蓝丝带协会工作人员与游客进行视频通话，了解到动物体力已不支，于是远程指导游客开展紧急救护，并上报海南省农业农村厅渔政渔监处（以下简称“海南渔政”）。考虑到动物状态不佳，海南渔政决定将动物送往儋州海花岛海洋生物科研基地（以下简称“救护基地”）进行暂养治疗。在海南渔政的协调下，昌江县公安、渔政、消防、农业农村局等单位，以及蓝天救护队、蓝丝带协会鲸豚救护队等参与了该动物的现场救护和转运工作。

当天 17:40 左右，动物被转运至救护基地的救护池。最终经过救护基地技术人员 11 个月的救助治疗及细心看护，动物的身体状况完全恢复。2023 年 3 月 1 日，动物在儋州海域被放归大海。

❍ 救护难点

整体来看，此案例无论是动物搁浅的发现时间还是现场环境，都比前两个案例的情况要好得多，比较麻烦的一点是**救护动物时，海水的水位较高**，救护人员在水中救护时容易被海浪打翻，因此强烈建议在类似环境中穿上救生衣。

动物被发现时已奄奄一息，没有活力，体表伤痕多而复杂，呼吸孔被水淹没，如果不采取合理的救护在该状态下没过多久可能就会死亡。即便在动物刚进入救护基地的救护池后，动物体温仍低于正常值，不主动开口进食，无法自主掌握平衡和游动。血检结果显示其体内有炎症、脱水，状态极差。因此，在后期圈养过程中，**恢复动物的健康状态是此次救护的主要难点。**

❍ 动物情况及应对措施

和案例 A4.1.2 一样，此次救护场景有三个，分别为搁浅现场、转运至救护基地途中和救护基地。

在发现动物呼吸孔淹没于水中且状态不佳后，救护人员致电周围酒店人员带来浴巾和伞予以支持。救护人员扶正动物后，为动物进行基本的遮阳和保湿，现场烈日炎炎，所幸参与救护的人员和热心群众较多，轮流协助，避免了动物溺水、脱水和暴晒。

现场救护

在转运车到达后20分钟左右，救护人员联合市民和游客共同努力将动物从海水中搬运至转运车上。为了让动物有一个更舒适的转运环境，救护人员准备了海绵垫垫在转运车底部，并提前准备了水桶，备上海水，全程为动物保湿。

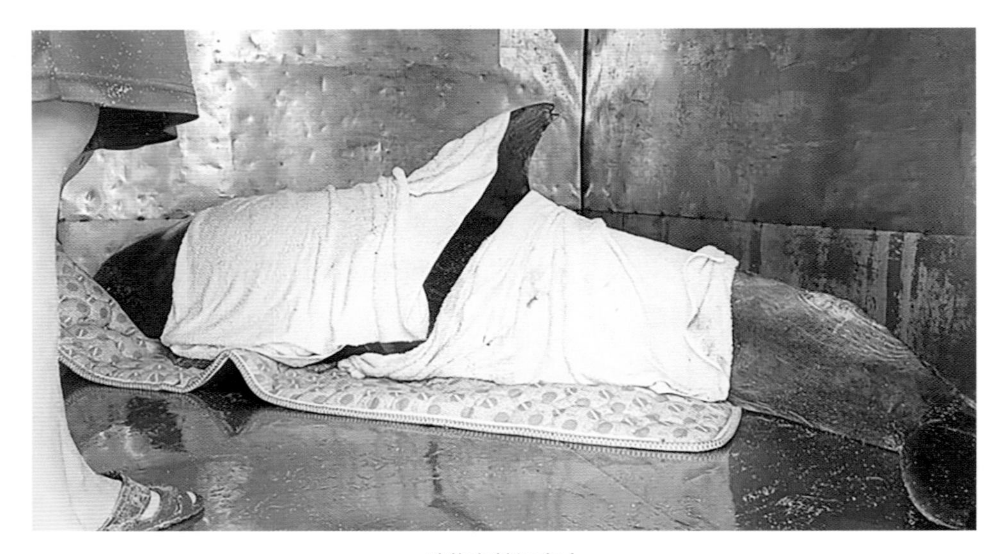

动物在转运车中

在动物成功转运至救护基地后，兽医第一时间对动物的身体状况进行了检查，并采集了血液样本。一开始，动物进入救护池之后无法自主游动，只能暂时放置于担架上，由救护小组进行24小时的轮流看护。

针对动物不自主游动、不主动进食的问题，该案例的操作与案例A4.1.2基本相似。同时，针对动物体表伤势严重的情况，兽医为动物准备了抗感染的药物进行肌肉注射。

动物放归前，中国科学院深海科学与工程研究所鲸豚研究团队的专家仔细研究了动物最适合放归的场所，从放归区域周边环境航道密集与否、有无定置网等多维度考察，最终确定在海南海花岛附近外海放归海豚。专家也表示，海南西部海域曾出现过印太瓶鼻海豚群体，该放归地有利于海豚回到“故乡”。

动物被放置于担架中，半身浸没在救护池里

❍ 经验总结

1. 此次搁浅地位于酒店所属沙滩，且时间在早晨，故搁浅动物更容易被人发现。但公众在发现该动物搁浅时的第一反应是直接将其推回大海，这样的好心反而给动物造成了二次伤害。因此，平时要对公众加强这方面知识的科普。

2. 搁浅地距离昌江万国棋子湾酒店仅 100 米，事发后，酒店经过协调，为救护工作提供了必要的装备，如浴巾、雨伞、海绵垫、水桶等，令装备能够快速运抵搁浅现场。

3. 此案例中，协调转运动物的车辆较为困难。直接从救护基地调派车辆往返于搁浅地耗费的时间较长，不利于动物救护。而且时值新冠病毒疫情防控期间，协调转运车辆也存在着风险，为本次救护带来诸多不便。此次协调转运车辆耗费了较长时间，最终是昌江农业农村局排除万难，实现了转运车辆的调派。

4. 在转运动物的过程中，经验丰富的鲸豚救护队队长亲自护送动物，及时监测动物在转运过程中的情况，并与救护基地同步信息，帮助救护基地为动物接受进一步治疗做好前期准备。

5. 当前海南已建立较为完备的鲸豚搁浅救护网络，且有专门的民间鲸豚救护队，能够即刻响应搁浅事件，联动相关政府部门、组织机构和储备人手。多方努力，可以在短时间内组建起一支配合极佳的救护队伍，故海南在搁浅动物的现场救护和转运治疗方面具有一定的优势。尽管如此，在进行实操时，还是有可能碰上这样或那样需要解决的小问题。因此，搁浅救护网络里的各个主体应保持联系，制订可靠的应急预案，必要的时候可以开展救护演习。

A4.2 小型集体搁浅案例

2021 年 7 月浙江省台州市临海市瓜头鲸搁浅事件

❍ 事件描述

2021 年 7 月 6 日 8 时许，台州市民警接报，有群众发现 12 头瓜头鲸受困于浙江省台州市头门港海域的北洋坝滩涂上，被发现时已有 3 头死亡。现场为泥质滩涂，部分泥坑里有泥水。当日天气晴转阴，炎热，气温接近 35℃。

6 日上午，包括台州公安、港航渔业、消防救援和附近群众在内的数百人涌入滩涂进行现场救护。6 日下午，动物被逐一吊起、装车，送往附近的白沙湾公园、浙江宏野海产品养殖基地（以下简称“海水养殖场”）和台州海洋世界暂养。6 日至 7 日夜间，共有 8 头动物被运往头门岛凉帽屿海域顺利放归，然而其中有两头在运往码头途中死亡。

剩下的最后一头瓜头鲸因身体状态不佳，在海水养殖场内暂养。7 月 22 日，受台风“烟花”影响，该动物被转移至台州海洋世界暂养。7 月 27 日出现沉底现象，7 月 28 日凌晨不幸死亡。最终，此次救护以 6 头动物被成功放归、6 头动物不幸死亡为结局画下句号。

在最后一头瓜头鲸被暂养治疗期间，中国科学院水生生物研究所（以下简称“中科院水生所”）的专家对该动物进行了被动声学测试，测量该动物的听力阈值，发现该动物的听觉存在异常。这或许正是这群瓜头鲸集体搁浅的原因，该群体中可能有其他个体也出现了听觉异常的现象，导致回声定位失灵，误入浅滩。

搁浅的瓜头鲸（非本次事件照片）

○ 救护难点

集体搁浅的救护难度大、难点多。此次救护的主要难点体现在：

1. **受困动物数量多，需配以充足的人手实施救护。**但是实际情况中，受过救护培训的人员有限，无法在短时间内保证所有参与救护的人员的操作都是准确无误的。此时，就需要协调每一头动物身边至少有一名训练有素的鲸豚类搁浅救护人员，对其他救护人员进行指挥和指导。

2. **动物转运时所需要的器材、设备等也会依照需求增加。**若需要转运至救护基地暂养，多头动物应尽量隔开暂养，因此用于暂养的救护池数量也必须足够。

3. **现场天气炎热，气温高，动物容易因暴晒而脱水。**因此现场非常有必要对动物进行防晒和保湿。同时，由于现场的救护人员过多，动物容易因受惊而应激，救护过程中应尽可能安抚动物的情绪。

4. **现场为泥质滩涂，人员往来岸边行动不便，车辆也难以通行。**因此许多救护物资的搬运需要人力完成，费时费力。

5. 被送往外海过程中死亡的两头动物实属可惜，其可能是因应激而死，然而**转运过程中，动物出现应激的情况不可能完全避免**，救护人员只能尽量安抚动物情绪，动作上应尽量温柔，尽量减少产生突发的巨响。

6. 最后留下的瓜头鲸身体状况最差，因此在其他瓜头鲸被送回深水区后，其被继续留下暂养救治超过 20 天。刚入救护池时，该动物无法自主进食，存在严重脱水、消化道出血、呼吸音较重等现象，尽管后期该动物已经能够自主进食，身体状况也有所恢复，但其血液样本的部分指标显示**该动物肝肾功能仍存在问题，因此救治难度大**。

❍ 动物情况及应对措施

此次救护中，动物情况和相关应对措施基本与 A4.1 中各案例相近。较为不同而需要突出的几点如下：

1. 事发时正值夏季，且天气晴好，当日最高气温逼近 35℃，随着潮水退去，泥滩里的积水温度也因太阳暴晒而升高。动物在搁浅现场不仅容易脱水，皮肤还容易被晒伤。因此，除了基本的湿毛巾降温法，救护人员还带来冰块，并且徒手刨坑，试图让泥滩溢出更多积水，降低积水的总体温度。

2. 在遮阳方面，相比于前几个案例对单一个体短时间的撑伞遮阳，该案例选择用竹竿和塑料薄膜撑起小棚，可以同时为多头距离相近的个体一起遮阳，当然前提是现场没有强风。

3. 因动物数量较多，且现场泥泞，救护人员不宜负重行走，故使用吊车将动物进行转移，大大提高了效率。

4. 在动物进行转运之前，救护人员曾在现场设计了三种救援方案：①将动物运至台州海洋世界，但由于距离较远，无法保证动物在运输过程中的生命安全；②运至附近的白沙湾公园，但其水质并不适合动物生活；③采取保守措施，留在原地等待下午五点左右涨潮。随着环境和动物身体状态的变化，救护方最终决定不再等待，立刻行动，分别将 2 头动物运往台州海洋世界（这两头动物身体状况较差，因此需要较好的饲养和救治条件），2 头动物运往白沙湾公园暂养（这两头动物身体状况较好，相对能够克服水质较差的环境），剩下的 5 头动物就近运往海水养殖场。

5. 在搁浅后两日内将大部分动物放归，一方面评估了动物的身体状况，另一方面也考虑了暂养地点有限的环境条件。动物数量较多，暂养需要投入大量的人力物力，而大多数野生动物难以适应圈养环境，且搁浅的瓜头鲸属于一个社群，应尽量让其保持接触与沟通。在这些背景下，若动物状况尚佳，尽早放归是最好的选择。

○ 经验总结

此次搁浅的物种为瓜头鲸，而目前世界上针对瓜头鲸的生理特征研究还很少。因此参与救护的人员，包括来自上海、杭州、宁波、温州四地海洋馆的工作人员并不了解该物种正常的体温、呼吸和体液平衡等情况，只能摸着石头过河，参照其他类似体形的海豚科动物的生理指标来调节，提供给它们一个“差不多合适”的救治环境。通过此次事件，我们获得了该物种的活体数据和尸体标本，对该物种有了更进一步的了解，为未来针对该物种的救护打下了基础。

相比于前述的个体搁浅案例，**集体搁浅案例更考验救护方的组织协调能力**，包括在短时间内组织相关部门的人手到位，进行统一的方案计划和行动部署，及时调派吊车、转运车和放归用的船只，划定适合的放归区域，确定可用的救护中心等，每一步都极具挑战性。整体来看，此次搁浅事件响应迅速、人手充足、操作相对专业、决策合理，是十分值得借鉴的救护参考案例。

A4.3 大型个体搁浅案例

通常情况下，大型鲸豚类的活动范围离岸很远，除非是深水近岸（例如近岸大陆架极窄导致近岸深度大）。因此，大型鲸豚类会搁浅于浅水近岸通常说明动物已脱离其正常活动范围，本身状态可能已不佳。

将需要救护的大型鲸豚类移送救护机构是不现实的，一方面原因是硬件设施的普遍缺乏，另一方面原因则是动物本身的条件并不适宜进行转移救护，最佳选择是尽可能在短时间内将其送回大海，避免搁浅给动物带来更多的伤害，尤其是浮力缺失带来的内脏压迫损伤。

2022 年 4 月浙江省象山县石浦镇抹香鲸搁浅事件

○ 事件描述

2022 年 4 月 19 日 8 时许，象山县石浦镇铜瓦门大桥外，一艘渔船上的渔民发现一头抹香鲸搁浅于滩涂区域，遂立刻联系象山县水利与渔业局。该抹香鲸为雄性，体形巨大，体长据估计约 19.5 米。动物皮肤有少许擦伤，呼吸异常。现场环境为泥质滩涂，面积大，离岸距离约 800 米。天气阴。

接报后，象山县水利与渔业局派出救护人员前往现场，最初包括渔船和渔政船在内，共有 5 艘船 30 多人参与救护。10 时左右，潮水还在上涨，将动物推上滩涂。正午之前，动物身边尚有潮水没过，动物仍有体力在水中扭动，并挥动尾鳍拍打海面。正午之后，水位开始下降，船只已无法靠近动物。14 时，潮水退去，动物全身裸露躺在淤泥中，已失去挣扎能力，生殖器脱出。更多救护人员赶往现场。宁波海洋世界的兽医为动物进行了身体检查，并采集了动物呼出的气体和血液样本。

16:50 左右，搁浅现场开始涨潮，救护人员在动物尾鳍处绑上发光浮标，后撤离现场。21:30 左右，动物被绑在负责拖曳的渔政船上，随船向深水处行动。23:00 左右，动物已离开原搁浅地约 2000 米。次日 5:20，动物随船抵达距离搁浅地约 20 海里的外海。救护人员切断绑在动物身上的牵引绳后，动物自主下潜，消失在视野中。这场历时 20 个小时的救护活动落下帷幕。

需要提到的是，在 4 月 20 日动物被送往外海脱困后约 10 天，放归区域附近出现了一具疑似该动物的尸体，已严重腐烂。由于该动物的体长已逼近抹香鲸物种极限，而在如此短的时间、如此相近的地点同时出现两头体长逼近极限的同物种动物，可能性极低，因此可合理推测该尸体即为 10 天前救护的受困抹香鲸。如此大体形的动物出现在浅水区实属异常，其本身健康状况可能已出现问题。除此之外，动物可能因长时间搁浅在陆地上，缺少海水浮力支撑，内脏受到剧烈挤压，出现严重内伤，所以哪怕最后成功脱困，身体受到的影响也无法逆转。鉴于动物体形过于庞大，我们仍难以解决大型动物搁浅后内脏受压迫的问题，遇到类似事件，只能是尽力帮助其脱困。

❍ 救护难点

1. **动物体形过大。**该动物体长已接近抹香鲸体长的最大数值，重量同理。一般体长为 3 米左右的海豚都需要 3~4 人共同行动才能搬动、调整身躯。而如此大体形的动物不仅没办法通过人力搬动，还有可能在搬动过程中给动物造成机械性损伤。

2. **现场环境泥泞，动物搁浅地离岸很远。**退潮前，救护人员可依靠船只靠近动物，然而退潮后，救护人员自身要移动到动物搁浅地已相对困难，车辆也无法行驶至此。因此许多救护物资的搬运需要人力完成，费时费力。

3. **动物搁浅姿势易呛水。**动物搁浅时为侧躺，当时潮位尚高，然而因动物体形巨大，无法调整其姿势。所幸抹香鲸的呼吸孔更靠近左边，而动物是右侧着地，呼吸孔未完全被海水淹没。涨潮之后如果动物还不能自行调节平衡，呼吸孔容易被海水淹没，导致动物呛水甚至溺亡。

4. **潮位情况复杂。**动物刚被发现的时候，潮位还未下降到最低，因此救护人员只能通过船只靠近动物，此潮位既无法将动物拉回深水区，也无法令救护人员直接徒步接近动物。潮位退至最低后，船只无法靠近，救护人员只能徒步前往，失去了海水的浮力，动物完全暴露于空气中，皮肤容易干燥（所幸当天是阴天），承受的内脏压迫也是最大的，甚至连生殖器都已脱出，这段时间应该是动物最难熬的时候。而随着天色变黑，光线不佳，救护人员若留在原地，则有可能被海水冲走，因此，救护人员只能先暂时撤离，等待潮位上涨。

❍ 动物情况及应对措施

由于动物体形过大，既无法直接推回大海，也无法进行转移，只能在下一次涨潮之前，尽可能维持动物的生命体征。

在潮位尚高的时候，救护人员开船绕到动物后方，试图驱赶其往深水区游动，但作用不大。随后救护人员驾驶两艘船靠近动物，用绳子套住动物头部，试图将动物向深水区拖，但动物太重，拖不动。

退潮后，救护人员开始对动物进行基本的保湿救护，用湿棉被盖住其身体，并用桶盛海水往动物身上泼；同时，在其下方挖坑，避免身体挤压、鳍肢弯折。由于动物体表有些许外伤，因此兽医还为其皮肤涂抹药膏进行消毒。

海水开始涨潮后，为避免天黑后丢失动物踪迹，救护人员在动物尾鳍上绑了发光的浮标，方便潮位升高后快速定位动物并营救。最后，救护团队将用于拖曳动物的渔政船数量增加至三艘，一齐驱动，将动物拉向外海。动物在拖曳过程中慢慢进入深水区，身体逐渐恢复活力，开始喷气、呼吸。

❍ 经验总结

1. 退潮后，搁浅现场十分泥泞，救护人员和物资难以顺利运送至搁浅地。然而，这里的泥滩没有案例 A4.1.1 的泥滩深，相对容易行动，遇到类

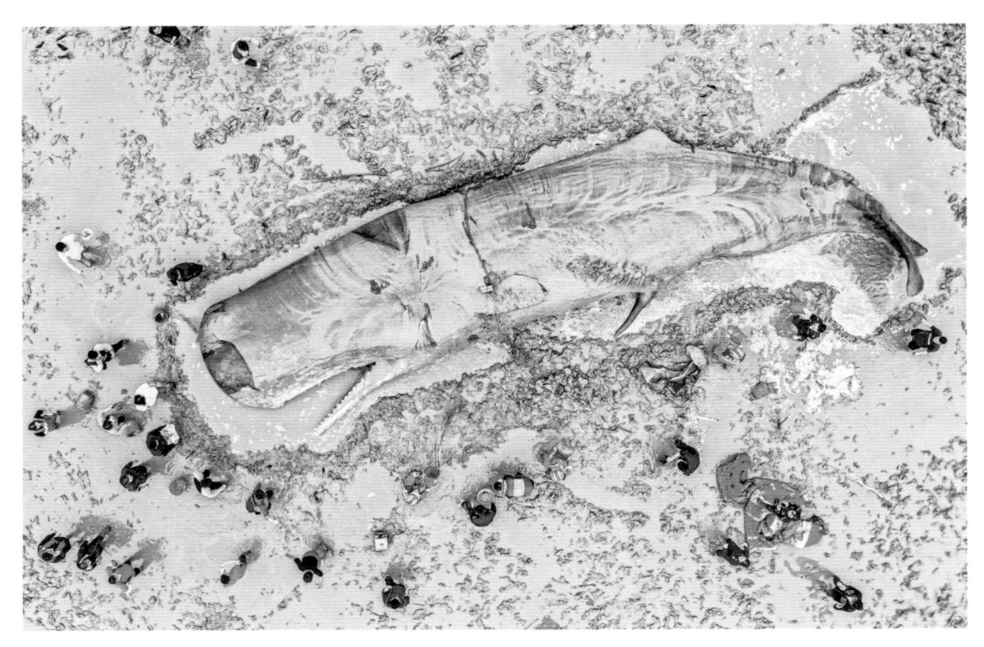
救护搁浅在泥滩上的抹香鲸

似场景，可以考虑驾驶履带挖掘机挖出一条行动路线，方便人员和物资的运输。

2. 潮水退去后，动物状态极其危险。脱水、内脏压迫、情绪紧张，给动物带来较为不良的反应，尤其是内脏压迫，令动物基本没有挣扎的能力，后期甚至出现了生殖器脱出的情况，让人一度以为动物已无力挽救。即便如此，也不应妄下结论。应仔细观察动物的呼吸情况，正确地评估动物的实际身体状况。

3. 搁浅救护网络的搭建十分重要。搁浅后的 24 个小时往往是动物存活的关键。此次救护行动的响应十分及时，尽管救护期间活动受潮位影响被迫暂停，然而整个救护从发现搁浅到动物被送往外海的时间并未超过 24 小时，为动物争取了宝贵的时间。因此，平日里政府各相关单位和民间救护团队应保持紧密联系，事先协调好救护设备和物资的供应工作，减少事件发生时各方花费在沟通交流上的时间。

4. 此次，在将动物拖曳至外海的过程中，渔政船发现了很多隐匿于水中的渔网，给拖曳带来了不小的阻碍。为了保障拖曳行动能够顺利实施，渔政船一边清理渔网，一边缓慢拖曳动物前进，所以耗时较长。未来，在规划动物拖曳路线时，建议尽可能设计远离人类活动较多的水域的路线。船只在拖曳过程中应保持匀速行驶，并时刻观察动物状况，一旦出现异常，应立刻暂停拖曳并进行观察。

A4.4 误入内河案例

海洋哺乳动物的身体结构已经适应了海水环境，一旦误入淡水环境，若未能及时离开，往往凶多吉少。面对误入河道的鲸豚，首选采用声驱法（具体操作参见本书第 1 部分第 8 章）将其驱离河道、回到海洋，特别是动物刚进入淡水环境不久，身体状态尚可，此时如果能及时驱赶，存活的希望很大。如果发现的时候，动物已经出现游速缓慢、呼吸不规律、皮肤感染等特征，那么在确定有合适围捕和上岸场地的前提下，建议直接将其捕捉并治疗或放回大海。在实际操作时，救护人员的配合情况、动物的身体状况都是很大的未知数。如果观察到动物已经奄奄一息，无力回天，建议尽量回收动物尸体，对其进行尸检分析。

动物受困的河道复杂与否往往是救护能否成功的关键，不同案例的区别主要在于河道的情况不同，这里仅列举一例典型案例，其采用的是声驱法，效果可观。

2019 年 8 月广东省台山市端芬镇中华白海豚误入内河事件

○ 事件描述

2019 年 8 月 28 日 11:40 左右，江门白海豚保护区工作人员接报，广东省台山市端芬镇塘底村的河道里发现一头中华白海豚。该中华白海豚皮肤粉白，没有明显斑点，因此判断为老年个体。动物背鳍边缘有轻微的划痕，其他地方完好，呼吸声音清晰有力，呼吸间隔偏长，出水姿态基本正常。据此评估，该动物当时身体状况尚可，进入内河时间不长。

动物受困地距离上游的大隆洞水库约 8 千米，距离下游入海口烽火角水闸超过 25 千米；受困地的河道最宽超过 60 米，窄的地方有 20 多米；越往下游河道越宽。河底也很复杂，水深跨度从 2 米到 10 多米，还有许多石头、树枝等杂物。

救护人员制订了声驱操作方案，对动物进行“围追堵截”，试图将动物赶离上游，赶向烽火角水闸，进入入海口。然而，在经历了7天的驱赶之后，动物在烽火角水闸附近徘徊，最终在第九天，发现了该动物的尸体。

虽然此次救护有中科院水生所的水生哺乳动物声学团队在现场进行声驱指导，效果可观，但是此次救护的难度极大，动物配合程度不高。但这本身并不是动物的问题，而是现场环境过于复杂，救护人员无法对动物进行完全准确的引导。事实证明，采用声驱法将动物赶离河道、赶向入海口尽管行之有效，然而要成功执行，还是需要动物最大程度的配合。

❍ 救护难点

此次救护难点主要体现在以下几个方面。

1. **部分河道宽、水流急，河底环境复杂。**有些宽阔的河道里还布有渔网和往返作业的船只，既不利于声驱，也不利于直接捕捉。无论是声驱还是捕捉，在较窄的河道里都相对容易实施，动物可选择的躲避方向也更单一。

2. **河上建筑，例如桥和水闸是影响动物通过的最大阻碍。**桥底水越浅，桥墩越矮、间距越窄，桥上围观群众越多、发出的声音越大，动物越不愿意穿行。此次动物在救护过程中总共穿过了塘底大桥、西廓桥、陈策文大桥和广发大桥四座大桥，最终在烽火角水闸附近逗留，可见沿途距离之长，驱赶难度之大。

3. **动物在淡水环境的时间越长，身体状况会越差。**由于动物被发现的时候已经距离入海口超过25公里，且救护过程耗时多日，渐渐地，动物行动变得缓慢，呼吸间隔拉长，身上出现了皮肤感染的迹象，救护难度进一步增大。

❍ 动物情况及应对措施

救护第一天，考虑到动物本身状态尚可，且上游河道较窄，救护人员选择了保守的声驱法，而不是直接捕捉，最大限度地降低动物的应激反应。救护人员制订了初步的声驱法操作方案，其主要分为三步：第一步，将塘底村通往大隆洞水库的上游河道用网拦住，避免动物往上游移动；第二步，将动物赶过塘底大桥，并继续往下游驱赶；第三步，将动物驱赶过烽火角水闸，进入大海。

随着动物在淡水环境中的时间增加，皮肤逐渐出现感染

救护人员采用的声驱法基本与本书第一部分第八章介绍的步骤相同，共租赁了六艘渔船制造水下噪声，并且用渔网拦截一半河道，缩小其活动范围。不仅如此，一开始救护人员制造水下噪声的工具为竹竿，后来换成了钢管，传声效果更好。可是，在面对大桥的时候，动物依然会下潜至深处然后出现在船的后方，逃脱包围，说明大桥对动物的阻碍是十分明显的。

救护第五天，中科院水生所的专家提出制作一张可以同时覆盖水面到水底的“声障网”，效果会比普通声驱法只在水面及水下较浅区域制造噪声更

西廓桥本身桥墩较密，且桥上围观群众多，影响了动物从桥下穿行

好。实施后效果立竿见影。

救护后期，动物进入下游，河道更宽，环境更为复杂，水流急、水面垃圾增加，加之天气原因，救护人员一度丢失动物踪迹。在重新找到动物之后，由于环境过于复杂，且动物体表感染严重，救护人员决定不再贸然驱赶，而是进行远距离陆上与海岸同步观察。直至动物再度消失，最后尸体被找到。

❍ 经验总结

此次救护以动物死亡结束，但是救护人员在整个救护期间积累了许多有价值的信息和经验，具体如下。

1. 救护人员需要尽快了解动物所在的河道情况。①弄清楚动物可能从哪里进来（确定声驱法驱赶的方向）、可能逃到哪里去（封住各个可能的上游和分支入口），这样可以控制动物活动的范围，减少救护人员的驱赶工作量；②弄清楚河道是否存在水位变化（潮水涨落）、是否存在桥梁、是否存在河上作业、航运等情况；③弄清楚河道的宽度变化情况以及河底的状况，为选择将动物捕捞上岸的合适场地做准备。

2. 需要联系当地政府以及相关部门（包括渔业、公安、交通等部门），尽快成立联合救护小组，方便安排物资、人员以及维持秩序等。尤其是河道的分布经常跨越多个管辖地，联系各相关部门的耗时会更长，因此更需要抓紧时间做好协调工作。

3. 救护人员应了解，误入内河的鲸豚类鲜有安全脱困的先例，其很可能是因为：①动物本身身体状况（如导航能力）已出现问题，②动物在淡水环境中身体状况易恶化。因此，动物死亡并不意味着救护完全失败，死亡的动物尸体也能提供珍贵的信息。

4. 建议救护人员在救护过程中尽可能多地收集现场信息，包括动物的照片、视频和声学信息，以及河道的水质和水文信息，等等，为未来的救护工作积累经验。同时，还应做好对公众的宣传和引导，以及相关的科普工作。

5. 该案例中，入海口处的烽火角水闸是动物回归海洋的最大阻碍。烽火角水闸包括船闸与泄洪闸两个部分。船闸宽约 14 米，整体长度超过 100 米，有两道闸门。日常除非有船只进出，否则船闸是关闭的，即便有船只进出，两道闸门也不会同时打开。然而在 8 月 26 日 14:00 左右，过闸的船只较多，两道闸门保持同时开启的状态约两个小时，动物可能就是在这个时候穿过了水闸。

至于位于船闸东侧的泄洪闸，共有 43 孔，每个孔洞宽约 4 米，闸门完全打开的高度估计不足 3 米。为防止海水倒灌入内河，泄洪闸一般是关闭的。但为了调节水闸内外的水位，保证沿岸居民生活、生产以及航行安全，管理部门会根据实际情况开启和关闭部分泄洪闸。

动物本身畏惧桥梁，即使是 43 孔的泄洪闸全部打开，也相当于一座桥墩密集的矮桥，动物要从这里过去，需要克服很大的心理压力。而相对宽阔的船闸，若非大量船只通行的需要，不会同时打开两道闸门。哪怕短时间内同时打开，入海口河道太宽，动物也难以在计划时间内经由船闸被驱赶出河道，因此，烽火角水闸确实是此次驱赶的一大阻碍。

也有说法认为老年鲸豚进入河道是为了躲避来自海域里的竞争者和环境因子干扰，建议遇到类似情况时保守观望而不加以干涉。因此，在实际操作过程中，救护方可对救护的操作难度进行评估，若救护操作难度极大，且鲸豚活动不影响日常生产生活，可以保守观望为主。

记录你学到的知识

图书在版编目（CIP）数据

中国海洋濒危物种鲸豚类海龟类救护技术指南 / 曾千慧等编著；梁伯乔，施倩倩绘图 .— 北京：中国林业出版社，2023.9

ISBN 978-7-5219-2331-5

Ⅰ. ①中… Ⅱ. ①曾… ②梁… ③施… Ⅲ. ①鲸－濒危动物－动物保护－指南②海豚－濒危动物－动物保护－指南③海龟－濒危动物－动物保护－指南 Ⅳ. ①Q959.841-62②Q959.6-62

中国国家版本馆 CIP 数据核字（2023）第 168443 号

策划编辑：何　蕊

责任编辑：何　蕊　李　静

营销策划：杨小红　蔡波妮　刘冠群

出版发行：中国林业出版社

（100009，北京市西城区刘海胡同 7 号，电话 010-83143666）

电子邮箱：cfphzbs@163.com

网址：www.forestry.gov.cn/lycb.html

印刷：河北京平诚乾印刷有限公司

版次：2023 年 9 月第 1 版

印次：2023 年 9 月第 1 次

开本：710mm×1000mm　1/16

印张：7

字数：115 千字

定价：48.00 元